KB009320

권오길(강원대 생물학과 교수) 지음

지성사

생물의 다살이

지은이 권오길

2009년 2월 2일 개정판 3쇄 발행
2003년 10월 27일 개정판 1쇄 발행
1996년 7월 30일 초판 1쇄 발행

펴낸이 이원중 펴낸곳 지성사 출판등록일 1993년 12월 9일 등록번호 제10 - 916호
주소 (121 - 829) 서울시 마포구 상수동 337 - 4 전화 (02) 335 - 5494~5 팩스 (02) 335 - 5496
홈페이지 www.jisungsa.co.kr 블로그 blog.naver.com / jisungsabook 이메일 jisungsa@hanmail.net
편집주간 김명희 편집팀 손효진, 조현경 디자인팀 박선아, 이유나 영업팀 권장규

ISBN 978 - 89 - 7889 - 090 - 8(03470)
잘못된 책은 바꾸어드립니다. 책값은 뒤표지에 있습니다.

권오길(강원대 생물학과 교수) 지음

개정판 서문

이 책이 나온 지도 어언 8년이 다 되었다. 『꿈꾸는달팽이』, 『인체기행』, 『생물의 죽살이』에 이어 네 번째 내 자식이다. 신기하게도 책은 나이를 먹을수록 사람의 눈길에서 멀어져 간다고들 한다. 그런데도 불구하고 『생물의 다살이』는 십여 년을 지나오는 동안에 오롯이 독자들의 관심에 남아 있었다.

이렇게 새 단장을 하여 다시 태어나 기쁠 따름이다. 이보다 앞서 『꿈꾸는 달팽이』도 새 옷을 입었는데, 아마도 이것들은 질경이를 닮았나 보다. 헌데, 처음에 쓴 머리말 끝부분을 보니 마음이 다시 아려온다.

고인이 된 형님께서 한창 투병 중일 때, 형님의 쾌유를 빌면서 이 책을 봉헌하였는데. 생자필멸(生者必滅)인 것을 어찌하겠는가. 다시 형님의 명복(冥福)을 빌어볼 뿐.

필자도 형을 따라나설 날이 가까워오고 있음을 잘 알고 있다. 유시유종(有始有終), 시작이 있으면 다 끝이 있는 법.

그런데 "사람은 죽어도 책은 남는다."는 말에 언제나 용기를 얻고 글을 쓴다. 악필에다 두서없는 글이지만 내 손자 손녀를 포함하여, 다음 세대들이 생물계를 이해하는 데 실낱 같은 도움만을 줄 뿐이라 해도 좋다.

사실 글은 쓴다기보다는 배우는 것이다. 필자도 글을 써 가면서, 생물들의 삶을 얼마나 많이 배우는지 모른다. 읽고, 쓰고, 생각하면서 살 수 있다는 것이야말로 행운이 아니고 무엇이란 말인가. 그냥 스쳐 지나갔을지도 모르는 일을, 지금은 다가가 들여다보고, 모르는 것은 묻고, 또 찾는다.

그리고 잘했다는 생각이 드는 것은, 무엇보다 우리말이 예쁘고 아름답다는 것을 느끼고 알았다는 것이다. 단어 하나, 말 한마디가 어쩌면 그렇게도 마음에 와 닿는지 모른다. 모국어란 이런 것이구나 하는 생각이 든다. 태어나 머리에 피도 마르지 않은 것들에게 남의 글을 가르치겠다고 혀 밑자락을 자르기도 한다니, 절대로 있어서는 안 되는 일이다. 내 말을 익히고서 남의 것을 알아도 늦지 않다. 글과 말에는 민족의 혼과 넋이 들어 있기에 하는 말이다. 그리고 누구나 살다보면 횡재를 하는 수가 있다. 이 책 중간에 '사람과 소나무의 인연'이라는 글이 있다. 어찌하여 국어 교과서를 만드는 사람들에게 이 글이 눈에 띄었단 말인가! "선생님의 이 글을 중학교 2학년 교과서에 싣겠다."고 전자 우편으로 알려왔을 때의 흥분을 아직도 잊지 못한다. "아, 내가 교과서 저자가 된다!?" 물론 전문이 아닌, 토막글을 손질하고 다듬어서 사진과 함께 보내 주었다. 작년부터 중학교 2학년 1학기 국어 교과서에 실린 이 글이 앞으로 칠 년간 학생들의 입에 회자될 것이다. 영광스럽다.

국어 교과서에 과학 글이 들어가는 것을 보면, 늦게나마 과학의 중요성을 알아차렸기 때문이리라. '생물의 길은 로마로 향하는 길'임을 늘 강조해오던 터이다. 심리학, 철학, 문학, 의 · 약학, 농학 등 어디에도 생물학의 숨결이 스며 있지 않는 것이 없다.

넷째 놈, 귀여운 너의 재탄생을 축하하고, 기뻐하면서!

2003년 10월 권오길

머리말

…우리 사람도 그렇게 도란도란 더불어 살았으면 하는 바람으로

"바퀴는 약 4억 년 전 고생대 석탄기부터 이 땅에 살아왔다. 어지간히 독한 놈이라 여지껏 죽지 않고 큰 변화(진화) 없이 살아왔으니 이런 놈을 생화석(生化石)이라 하며, 은행나무가 그런 부류에 든다. 사람이 지구에 태어난 게 1백만 년 전이었으니 4억 년 전에 태어난 바퀴는 우리한테 한참 형님뻘이 된다. 먼저 태어난 형이라 부르니 하는 말이다. 동생이 형님을 해코지하여 씨를 말리겠다니 말이 되는가. 바퀴도 크게 그리고 멀리 보면 생태계의 먹이사슬에서 한 고리를 차지하므로 있을 놈은 있어야 한다."

<강원일보>에 게재했던 미물 바퀴를 옹호한 글이다. 맞다. 만물이 다 제자리가 있듯이 바퀴도 제자리가 있어야 한다. 벌레를 익충이니 해충이니 하는 이분법으로 나누어 생각할 일은 아니다. 분명히 이 지구는 오만방자한 사람의 것만이 아니기 때문이다. 더불어 사는 곳이어야 한다.

필자가 이전에 쓴 『생물의 죽살이』가 생물계의 '삶과 죽음'에 초점을 맞춘 것이었다면 이 책은 생물들은 함께 어울려 산다는 것이 과녁이다. 아마 독자들은 『생물의 다살이』라는 책 제목부터 낯설지 모르겠다. 여기에서 다살이는 '다 좋다, 다 가져가라, 다 죽게 되었다'에서 모두를 뜻하는 '다'와 '다가붙다, 다가앉다, 다가서다'에서 가까이를 뜻하는 '다', 산다는 뜻의 '살이'를 합친 말이다. 즉 이 책은 가까이에서 모두 함께 살아가는 생태계에 관한 이야기다.

한 해에 이런 책 한 권씩을 꼭 쓰겠다고 당차게 공언했는데도 약속을 지

키지 못했다. 이 책은 <강원일보> <길> <레일로드> <가정의 벗> 등에 연재한 글과 새로 쓴 것을 묶은 것이다. 심해 생물에서 히말라야 고산 생물까지, 생명의 기본 물질인 DNA에서 몸 길이가 18미터나 되는 오징어 세계까지, 암수가 힘을 합쳐 똥 덩어리를 굴리는 쇠똥구리에서 말벌이 잡아온 배추벌레를 도둑질하는 기생벌까지, 새끼 올챙이를 꿀꺽 삼켜 위 속에서 키우는 '위주니보란개구리'의 지고지순한 모성애에서 모래 속에 알만 낳아 놓고 바다로 가 버리는 거북 어미까지 자세히 들여다봤다.

특히 이 책은 사람의 행동과 외모를 뜯어본 것이 특징이기도 하다. 잠드는 과정과 죽을 때의 모습이 비슷하고, 머리카락으로 건강 상태를 알 수 있고, 피부색으로 내장의 건강도를 가늠할 수가 있으며, 가슴팍이 납작(넓적)하고 눈두덩에 눈썹이 난 것은 사람뿐이고 코가 크고 작은 것은 모두가 기온과 습도 때문이라는 것 등등이 그것이다.

생물들은 우리의 거울이고 스승이다. 그들을 통해 새로운 자신을 발견하고 많은 것을 배운다. 생물학은 생물학도만 배우는 것이 아니다. 주변 생물에 관심을 가지다 보면 새로운 사실들을 하나 둘 알게 되고 그러다 보면 슬슬 재미가 붙는다. 사실 나는 독자들에게 새로운 지식을 전하려는 뜻은 추호도 없다. 그저 재미있게 읽고 자신과 생물 그리고 생물계에 흥미를 느끼길 바랄 뿐이다.

설익은 글 솜씨로 오묘하고 신비로운 생물 세계를 풀어 쓴다는 것은 만만찮은 작업이다. 그저 시늉만 했을 뿐이다. 그러나 지금도 글감을 찾고,

외국 논문도 읽고, 예쁜 우리말 채집에도 여념이 없다. 글을 읽다가도 또 대화 중에도 눈귀가 번쩍 뜨이는 말이나 글이 있으면 놀랍고 반가워 또다시 확인하고는 차곡차곡 포개어 모아 둔다.

숲이 큰 나무 한 그루로 되지 않는다는 것을 우리는 안다. 소나무·참나무 같은 교목 밑에 조팝나무·진달래 같은 관목이 나 있고, 그 밑에는 고사리·이끼·은방울꽃이 살고, 아래에는 달팽이·지렁이·노린재가 기어다닌다. 아직 그것으로 숲이 다 되지 못한다. 뭇 버섯과 곰팡이 세균들이 득실거려야 떨어진 낙엽과 드러누운 고목 둥치를 썩힌다. 그래서 한 마리의 빼꾸기는 그 숲 위에서 그렇게 우짖는 것이다. 그렇다. 모두가 끈끈한 연으로 만나 어울려 다살이하고 있는 것이다. 우리 사람도 그렇게 도란도란 어울려 살았으면 좋겠다. 투병 중인 형님의 쾌유를 빌면서 이 책을 우리 형님께 봉헌하는 바이다.

1996년 7월 권오길

C O N T E N T S

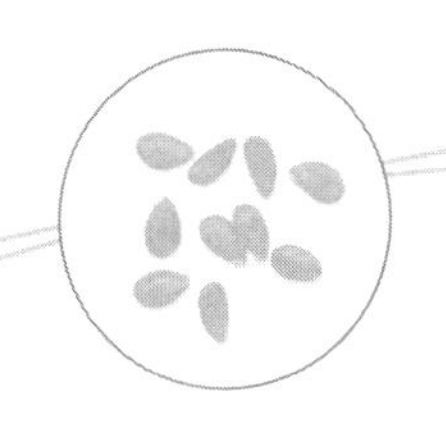

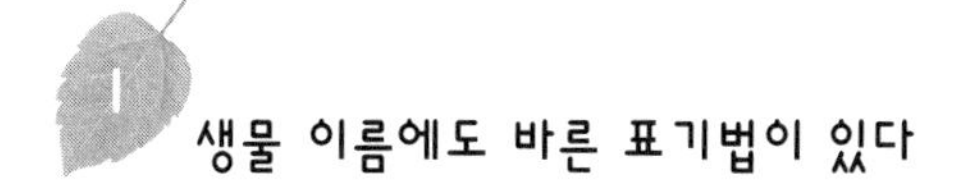

생물 이름에도 바른 표기법이 있다

편지나 소포를 받았을 때 봉투에 내 이름이 바르게 쓰여 있지 않을 때는 괜스레 뜯기가 싫어진다. 결론부터 말하자면 이름만큼은 정확하게 써야 한다.

여기서는 옛날 선조들이 만들어 놓은 패류(貝類)에 얽힌 말을 찾아보자. "우렁잇속 같다."라는 말은 속으로 돌면서 파고들어 헤아리기가 어렵다는 뜻으로 "호둣속 같다.", "추잣속 같다."라는 말과 비슷하게 쓰인다. 뱅글뱅글 토라지게 감겨 있어 도무지 사람 속마음을 읽을 길이 없다는 뜻이다. "달팽이가 바다를 건너다."라는 말은 아무리 해도 할 수 없는 일이라 말할 거리도 안 된다는 뜻이고, "달팽이 눈이 되었다."라는 말은 핀잔을 맞거나 겁이 나 움찔하여 기운을 못 펼 때를 비유한 것이다. 또 "달팽이 뚜껑 덮듯이"란, 입을 꼭 다문 채 좀처럼 말을 하지 않는 경우를 두고 하는 말이다.

우렁이, 달팽이에 버금가는 패류 이름으로는 '조개', '고동'이 있다. 조개는 껍데기가 두 장인 이매패류(二枚貝類)로 강이나 바다에서만 살며, 조개 껍데기는 조가비나 조갑지라고 한다(영어로 바다조개는 clam, 민물조개는 mussel이다). 우렁이, 달팽이, 고동(고둥)은 모두 발이 배에 붙어 있는 복족류(腹足類)로, 우렁이는 강에, 고동은 바다에 주로 산다. 영어로 달팽이는 land snail이고, 우렁이와 고동은 snail인데 민물에서 나는 것(freshwater snail)과 바다에서 사는 것(sea snail)을 구분해서 쓰기도 한다.

여기에서 민물 다슬기속[*Semisulcospira*]의 지방명(방언)을 보면 학명(學名)이나 국명(國名)이 얼마나 중요한지 이해할 수 있다. 다슬기는 지역에 따라 소래고둥, 갈고둥, 민물고동, 고딩이, 물비틀이, 대사리, 달팽이, 냇고동, 올갱이, 소라, 배드리, 골뱅이 등으로 부른다. 이런 이유로 '다슬기'라는 표준어가 생긴 것이다.

만물에겐 죄다 이름이 있기 때문에 '이름 모를 풀〔無名草〕'이나 '이름 모를 꽃〔無名花〕'이라는 표현은 실제로는 있을 수 없다. 모름지기 이름은 바르게 불러 줘야 한다. 이렇듯 생물 이름을 정확하게 붙여 줘야 하기 때문에 학명을 짓는 데도 규칙과 규약이 따르는 것이다.

달랫과에 속하는 다년생 식물인 부추를 우리는 잘 알고 있다. 그런데 부추를 지역에 따라서 정구지, 소풀, 솔 등으로 부르는데 부추가 표준어이고 나머지는 모두 방언(사투리)이다. 나라 안의 문제는 차치하고라도 말이 다른 사람들끼리는 더 큰 어려움이 따르므로 모든 동식물의 이름을 학명으로 통일해서 부르기에 이르렀다.

부추의 학명은 *Allium odorum*이다. 언어가 다른 사람들끼리도 학명만 대면 서로가 어떤 풀인지 알아차린다. 언젠가 신문에 조류학자 원병오 선생과 북한 학자의 대화에서도 같은 새를 두고 남한과 북한이 서로 다르게 불러 의사 소통이 되지 않다가 학명을 대고서야 서로 알아차리고 , 그 새가 북한 어디에 살고 있다고 답했다는 기사가 실린 적이 있다. 이렇게 학명은 하나의 암호처럼 중요한 것이다.

여기에 그 대화의 몇 토막을 적어 본다.

남한 조류학자 : 북한의 슴새 집단 서식지는 어딥니까?

북한 조류학자 : 슴새가 뭡네까?

남 : 카르네이테스 레우코메라스 말입니다.

북 : 아 , 꽉새 말이군요. 서해안 여러 곳에 살고 있습니다.

남 : 검은머리물떼새는 어떻습니까?

북 : 무슨 새요?

남 : 해마토푸스 오스트라레구스 말입니다. 큰 병아리만 하고 갯벌에 서 사는 물떼새 말입니다. 남한에는 150마리 정도가 살고 있는 데…….

북 : 긴부리까치도요를 그렇게 말하면 어떻게 알 수 있습니까? 북조선에도 서해안의 섬에 100마리 이상 살고 , 겨울에는 북쪽에서 날아와 그 수가 좀더 늡니다.

남북한 학자들의 대화에서도 알 수 있듯이 학명은 세계적으로 표준어 역할을 한다.

그런데 학명을 잘못 쓰는 일이 너무 많아 지적하고자 한다. 일반 독자에게는 어려운 내용이 되겠지만 참고로 읽어 주기 바란다. 부추의 학명에서 Allium은 속명(屬名)으로 대문자로 시작하고 odorum은 종명(種名)으로 소문자를 써야 한다. 학명은 라틴어로 쓰며 활자체는 반드시 이탤릭체로 써야 하고, 그 체가 없으면 학명 밑에 따로 밑줄을 긋는다. 그래서 부추의 학명은 이탤릭체로 쓴 *Allium odorum*이거나 밑줄을 그은 Allium odorum이 맞다.

그리고 학명의 명명자(命名者)에 ( )를 붙인 경우가 있다. 예를 들어 바다에 사는 말전복의 원래 학명은 *Haliotis giantea* Gmelin이었는데 뒤에 속명이 *Nordotis*로 바뀌었고, 이를 알려주는 방법으로 명명자 이름에 ( )를 해서 *Nordotis giantea*(Gmelin)으로 표기한다. 학명도 그 생물의 특징을 나타내는 경우가 대부분으로 *Haliotis*는 귀(전복이 귀를 닮았다는 말이다), *giantea*는 크다는 의미다. 학명도 아무렇게나 쓰는 것이 아니다. 모두 각각의 의미가 담겨 있다.

그렇다면 *Haliotis(Nordotis) giantea* Gmelin은 어떻게 해석해야 할까. 말전복의 속명이 다시 원래대로 *Haliotis*가 되어 Gmelin의 ( )가 없어지고 *Nordotis*가 아속명(亞屬名)이 되었다는 뜻이다. 이렇게 학명은 학자들에 의해서 바뀌기도 한다.

우리나라 제주도에서 나는 전복의 일종인 오분자기의 학명을 *Haliotis(Nordotis) giantea sieboldi Reeve*로 쓰는데 이것은 무엇을 의미하는 것일까. 여기서 *sieboldi*는 아종명(亞種名)으로, 오분자기를 말전복의 아종으로 본 학명이다. 이렇게 학명 하나에도 규칙과 규약이 있건만 전공서적에도 학명 표기의 오류가 있고, 신문이나 약 광고 등에는 학명이 뭔지도 모르고 잘못 쓰는 경우가 허다하다.

학명 설명에 이어 생물의 우리말 이름(國名)을 살펴보자.

생물의 이름을 신문이나 광고는 물론이고 전문서적도 잘못 쓰는 일이 흔히 있는데, 생물 이름에는 "성은 없고 이름만 있다."고 생각하면 된다. 식물 이름에서 '민 미꾸리 낚시'가 맞는지, '민미꾸리낚시'가 맞는지 혼동되는 경우가 있는데 이름은 아무리 길어도 붙여 써야 옳다. 다른 예로 새 이름도 '흰눈썹붉은배지빠귀' '흰죽지꼬마물떼새'처럼 붙여 써야 옳은 표기법이다.

한편 생물 이름의 앞뒤에 덧붙여 써서 다른 의미를 갖는 예도 많기 때문에 그 의미를 되새겨보는 것도 좋겠다.

앞뒤에 붙은 말로 생물을 짐작할 수 있다.

- 개~ : 비슷하나 약간 차이가 있다 ⇒개망초 , 개머루
- 갯~ : 바닷가 또는 습한 지역에 나는 것 ⇒갯고들빼기, 갯그령
- 꼬마~ : 작다⇒꼬마물떼새
- 도깨비~ : 잎이나 열매가 크거나 무섭다 ⇒ 도깨비고비, 도깨비부채
- 멧~ : 산이란 뜻 ⇒ 멧새, 멧종달이
- 민~ : 없다 , 갖지 않았다 ⇒ 민달팽이, 민미꾸리낚시
- 벼룩~ : 작고 왜소하다 ⇒ 벼룩이자리, 벼룩나물
- 새끼~ : 작고 왜소하다 ⇒ 새끼노루귀, 새끼노루발
- 섬~ : 섬 지역에서만 산다 ⇒ 섬댕강나무, 섬초롱꽃
- 쇠~ : 작다 ⇒ 쇠우렁이, 쇠백로, 쇠기러기
- 알락~ : 본 바탕에 다른 색이나 점이 섞임 ⇒ 알락명주잠자리, 알락뜸부기
- 애기~ : 작다 ⇒ 애기풀, 애기냉이
- 어리~ : 작다 ⇒ 어리연꽃, 어리굴
- 왜~ : 작다 ⇒ 왜우렁이
- 외대~ : 줄기가 곧추 서 자란다 ⇒ 외대으아리, 외대바람꽃
- 재~ : 재색, 회색의 의미 ⇒ 재갈매기
- 좀~ : 작다 ⇒ 좀도요, 좀개구리밥
- 진퍼리~ : 진창으로 된 펄, 습지에 난다 ⇒ 진퍼리잔대, 진퍼리사소
- 칡~ : 칡무늬나 검은색 ⇒ 칡소, 칡붕어
- 타래~ : 화서(꽃의 순서)가 꼬여 있다 ⇒ 타래난초, 타래사초

또 우리말 이름의 (뒤에 붙은) ~사촌, ~아재비, ~붙이 등은 모두 비슷하다는 뜻으로 쓴다.

이름을 붙이는 데는 의미 말고도 나라나 지명, 사람의 이름을 붙이는 경우도 많다. 만주송이풀, 만주자작나무, 미국가막사리, 가야물봉선, 한라참나무, 사창분취, 한계령풀, 금강초롱꽃, 진네풀 등이 그것이다.

지금까지 잘못 알고 있는 생물 상식 중의 일례를 살펴보았는데, 실은 잘못 알고 있다기보다는 아예 모르는 경우가 더 많다. 여기서 강조하고 싶은 것은 생물의 우리말 이름이 정말로 예쁜 것이 많다는 것이다. 그리고 그들은 언제나 자기의 이름값을 한다. 만물은 제자리가 있고(萬物皆有位) 또 제 이름이 있다(萬物皆有名). 풀 한 포기도 자리를 지키고 이름값을 한다는 말이다.

2 박쥐의 두 마음

'박쥐구실〔蝙蝠之役〕'이란 말이 있다. 낮에는 짐승(쥐)이 되고 밤에는 새가 되어 하늘을 나는 유일한 포유류(젖빨이동물)인 박쥐가 새 떼한테는 날개를 접고 나는 짐승이라 하고, 짐승 무리에게는 날개를 펴서 새라 하며, 제 편의에 따라 이랬다 저랬다 함을 일컫는 말이다. 또 금세 이리 붙고 저리 붙고 하여 반복무상(反覆無常)한 지조 없는 자를 이르는 말로도 쓰인다. 그러면 이런 박쥐는 어떠한 생태를 가지고 있을까.

1,000종이 넘는 박쥐들이 지구촌 곳곳에 퍼져 살고 있는 만큼 그놈들의 생태도 천태만상이다. 따라서 그들에 대한 일부분의 설명이라는 것을 미리 밝혀 두고 그들의 세계로 들어가 보기로 한다.

이놈들의 가장 큰 특징은 앞다리와 뒷다리 사이에 얇은 막이 있어 하늘을 난다는 것이다. 그래서 날개 익, 손 수 자를 써서 익수류(翼手類)로 분류하고, 또 사람처럼 새끼를 낳아 젖으로 키우므로 고등 포유류(哺乳類)로 분류한다. 특히 앞다리는 끝에 발톱이 달린 엄지발가락을 제외하고는 발가락이 모두 막 속에 우산살같이 박혀 있고, 뒷다리는 발가락이 모두 밖으로 나와 있다. 우장(雨裝)이라야 짚이나 띠로 엮은 도롱이나 댓개비, 갈대로 만든 삿갓밖에 없던 시절에는 박쥐 날개처럼 접고 펴는 서양 우산을 보고 '박쥐우산'이란 이름을 붙일 만

했다. 어쨌거나 우산의 살대를 박쥐의 긴 발가락으로 본 어른들의 안목과 관찰력이 놀라울 뿐이다. 포유류 중에서도 유일하게 하늘에 사는 박쥐는 땅에 사는 우리와 비교할 때 특이하게 적응한 동물이다. '날다람쥐도 하늘을 나는데'라고 말하는 이도 있겠으나 날갯짓을 해서 멀리 또 오랫동안 나는 놈은 역시 박쥐뿐이고, 날다람쥐는 공기의 부력을 이용하여 잠깐 동안 활공(滑空)을 할 뿐이다.

박쥐들의 더불어 살이

박쥐는 주로 동굴이나, 다 캐내고 버려진 폐갱(廢坑), 다리 틈, 고옥의 처마 밑에 사는데, 낮에는 그 속에서 지내다가 밤에 활동하는 야행성 동물이다. 우리나라 박쥐들은 야행성 나방이나 풍뎅이, 모기 같은 곤충을 잡아먹지만, 외국에는 꽃의 꿀을 빨아 먹는 놈, 물고기를 잡아먹는 놈, 심지어 소나 말 등 가축의 피를 먹는 흡혈박쥐도 있어 사람에게 피해를 주기도 한다.

하지만 사막에 사는 박쥐는 선인장의 꿀을 빨아 먹으면서 꽃가루를 옮겨 주고, 보통 박쥐들은 해충을 잡아먹으므로 박쥐도 사람에게 유익한 동물 중의 하나다. 미국 어느 학자의 연구에 따르면 박쥐 150마리가 한 해에 1,800만 마리의 벌레를 잡아먹는다고 하니, 농약 남용을 피하는 방법으로 박쥐를 이용하자는 주장도 있을 만하다. 뿐만 아니라 2차대전 당시 미국이 박쥐를 훈련시켜 일본의 중요 군사시설에 폭탄을 떨어뜨리려 했다는 기록도 있다. 결과는 실패로 돌아갔지만 시도 그 자체는 매우 흥미를 끈다.

박쥐는 동굴의 생태계에서 없어서는 안 될 동물이다. 오랜 세월 지하로 스며든 물(실제로는 물에 녹은 이산화탄소)에 석회암이 녹아 구멍이 생긴 것이 동굴인데, 큰 동굴 안에는 산과 강이라 할 수 있는 광장과 폭포도 있다. 다만 녹색식물이 없다는 것이 일반 자연의 생태계와 다를 뿐이다. 굴 속은 100여 미터만 들어가도 빛이 전혀 들지 않아 풀이 자라지 못하는데도 거미, 곤충, 달팽이들이 떼지어 살고 있다. 도대체 이들은 뭘 먹고 거기서 산단 말인가.

동물은 식물이 있어야 사는 게 아닌가. 답을 말하기 전에 동굴 동물들은 빛을 받지 못해 하나같이 몸이 희고 눈이 퇴화되어 있다. 빛이 없으니 눈이 필요가 없고 체색도 없어지고 만 것이다.

가장 대표적인 것으로 장님새우가 있는데, 이놈은 뭘 먹고 그 칠흑 같은 어둠 속에서 새끼를 치며 살아가는가. 이들은 자신들보다 더 높은 곳에서 사는 박쥐들이 싼 똥이나 박쥐 시체에서 썩어 흘러내리는 유기물을 먹으며 살아가고 있다.

동굴 생물은 한치의 진화도 하지 못한 옛날 그대로의 고생물(古生物)로, 지구의 역사를 다 알고 있는 것들이라 봐도 되겠다. 겨울이면 굴의 틈바구니에서 박쥐들이 떼를 지어(겹겹이 층을 이룸) 월동을 한다. 체온을 서로 나누면서 겨울잠을 자는데 거꾸로 매달린 모습도 볼 만하다.

멕시코의 한 동굴에서는 2,000만 마리 정도가 떼를 지어 겨울을 보내는데 그들이 내뿜는 열로 굴속이 방 안보다 더 따뜻하다고 한다. 온도란 너무 낮거나 높아도 생물이 살아가는 데 제한요소(制限要素)가 되는데, 물과 산소에 버금가는 중요한 환경 요인인 온도를 떼를 지음으로써 극복해 나가고 있다.

이들이 떼를 지어 사는 또 다른 이유를 흡혈박쥐에서 볼 수 있다. 먹이사냥을 나갔다가 허탕치고 돌아와 배곯는 놈들이 생기면 십시일

반으로 그놈에게 피를 조금씩 토해 먹인다는 것이다. 이틀만 굶어도 죽기 때문에 서로 도와주는데, 흔히 공포의 대상으로 여겨지는 흡혈박쥐도 남을 생각하는 이타적 동물이라는 것이 놀라울 뿐이다.

남아메리카 흡혈박쥐의 한 종은 무게가 겨우 30그램(큰 달걀이 60그램)으로 생쥐만 한 것이 있는가 하면 날개를 편 길이가 1.5미터나 되는 독수리 만한 놈도 있다고 하니, 어딜 가나 크고 작은 놈이 있기 마련인가 보다.

흡혈박쥐는 일처다부제로 가족을 이루기 때문에 수놈들 간에는 암놈을 서로 차지하기 위한 치열한 쟁탈전이 벌어진다. 그래서 한때는 군림하던 장사 아비도 기력이 쇠하면 힘센 자식에게 매몰차게 밀려난다. 그리고 일단 밀려나 겉돌게 되면 아비라고 해도 구석에 쪼그리고 앉아 있어야 하는데, 이것은 새삼스러운 사건이 못 된다. 냉엄한 자연계 계급 형성 순위(順位)에 순리대로 따르지 않으면 집단 내의 계속된 투쟁으로 에너지 소모가 심해져, 종족(집단) 보존이 불리해진다는 것을 그들도 아는 것이다.

이놈들은 면도날과 같은 앞니로 가축의 살갗에 상처를 내어 피를 흐르게 한 후 그 피를 30분 정도 핥아먹는다. 그런데 가축들은 아픔을 그다지 느끼지 못한다고 한다. 그리고 우리가 아는 것처럼 이들이 사람을 공격하는 예는 거의 없고, 우리나라에는 그 종이 없으니 박쥐를 두려운 동물로 보지 말아야겠다.

으슥한 밤하늘에 퍼드덕 나는 여러 마리의 박쥐를 보고 있노라면 계속해서 찍찍대는 소리가 마치 악머구리 우는 소리 같다. 박쥐는 눈이 거의 제 역할을 하지 못해 소리를 보내어 물체에 부딪혀 돌아오는 것을 감지하여 먹이를 잡기도 하고 방해물을 피하기도 하는데, 이것을 반향탐지(反響探知)라 한다.

그래서 놈들은 잠잘 때를 제외하고는 콧구멍에서 계속 소리를 내는데, 정지하고 있을 때는 보통 1초에 5회, 날아다닐 때는 20~30회 정도 울어 댄다. 소리의 에코(echo)로 상대방의 성(性)을 알아내는 것은 물론이고 화가 난 것도 알아맞힐 수 있다니 이놈들은 소리로 말을 하는 동물이다. 소리의 신호가 열일곱 가지나 되어 위협, 공격, 항복, 우애의 소리가 각각 다르다는 것만 봐도 알 수 있다. 하지만 이들이 내는 소리는 주파수가 너무 높아(초음파) 우리 귀로는 듣지 못하는 것이 더 많다.

반향탐지의 비밀을 밝히기 위해 처음에는 눈을 가리고 날려 보기도 하고 귀를 막거나 양턱을 꽉 매어 날려 보내기도 하는 등 수많은 연구와 시행착오를 거쳤다. 그리고 지금은 이들을 연구한 결과를 이용하여 바닷속 물체나 잠수함을 찾아내는 음파탐지기를 발명하기에 이르렀다. 박쥐가 잠수함을 잡는 셈이 된 것이다.

박쥐의 '박'은 어디서 유래했을까

끝으로 '박쥐'라는 이름은 어떻게 붙여졌을까.

박쥐의 '박'은 악기의 하나인 박(拍)에서 따온 것이 아닐까 싶다. 박(拍)이라는 악기는 6~9개의 홀(笏) 끝을 녹비(鹿-) 끈으로 꿰어 두 손을 마주 잡고 벌렸다 오므렸다 하면서 소리를 내는 것으로, 여기서 '오므렸다 폈다' 하는 것과 박쥐의 날개 펴기와 접기가 비슷하여 '박 닮은 날개 가진 쥐'에서 박쥐가 되지 않았나 싶다. 물론 추측에 지나지 않지만 어원을 밝힐 수 없는 아쉬움을 적어 봤다.

3 쇠똥도 손 탄다

대단치 않은 일에 연거푸 실수만하여 기막히고 어이가 없을 때를 "쇠똥에 미끄러져 개똥에 코박은 셈이다."라고 하면서도 "개똥밭에 굴러도 이승이 좋다"고 하니 허허거리고 살아볼 일이다.

필자가 어릴 때만 해도 겨울에는 논바닥에 꽁꽁 얼어붙은 개똥을 망태기에 주워 담았고 여름이면 바소쿠리로 쇠똥을 들어 날랐다. 말 그대로 '똥이 금'인 세상이었는데 지금은 쇠똥이 소 키우는 사람들에게 큰 짐이 되고 있다. 집집마다 몇 마리씩 키우는 소의 똥오줌으로 시골 갯고랑(개울)이나 샛강이 엉망진창이 된 것이다. 말 그대로 부영양화(富營養化)로 인해 해캄 같은 녹조류가 강바닥을 완전히 덮어 흉측한 몰골로 바뀌고 말았으니 고기 몇 점 먹겠다고 온통 강을 죽여 버린 셈이다.

인간에게는 한없는 익충(益蟲)

집 외양간에서 몇 마리 정도를 키우는 경우는 그렇다 치고, 규모가 큰 목장에서는 쇠똥을 어떻게 치우는지 모르겠다. 그런데 이 문제를 해결해 주는 곤충이 있으니 바로 쇠똥구리이다.

곤충 무리 중 풍뎅이과(科) 딱정벌레목(目)의 갑충(甲蟲) 중에 쇠똥이나 말똥을 먹고 사는 보통 쇠똥벌레라고 하는 것들이 있는데, 이들은 쇠똥구리 혹은 말똥구리라 부른다. 여기서는 쇠똥구리로 통일해서 부르기로 하자(지금은 말똥이 드물기에).

우리가 어릴 때 졸참나무 그늘에 소를 매어두면 이놈들이 날아와 똥을 물어 나르고 윙윙 떼지어 다니는 것을 볼 수 있었는데, 아직도 시골에 그 씨가 남아 있는지 모르겠다.

정말로 우리네 선배들은 동식물의 이름을 잘도 붙였다. 쇠똥구리라는 말은 더욱 그렇다. 풍뎅이 암수 두 마리가 쇠똥이나 말똥을 동그랗게 토막내어 수놈이 뒷다리로 밀고 암놈은 앞다리로 당겨 굴려가는 것을 보고 '쇠똥 굴리는 놈들'이라는 뜻으로 쇠똥구리라 붙였으니 말이다. 여기서 '구리'는 똥이나 굴리는 '멍텅구리'의 '구리'일까?

어쨌거나 쇠똥구리는 목장에서 없어서는 안 되는 풍뎅이로 똥 치우기가 전공이다. 소가 하루 종일 풀 뜯어 먹고 배설한 그 많은 똥은 목초를 덮어 질식시켜 버리는데, 사람 대신 이놈들이 청소를 해 주니 얼마나 고마운 벌레인가.

영국인이 처음 호주나 뉴질랜드로 이주했을 때, 이 풍뎅이가 없어서 영국에서 일부러 들여왔다고 한다. 이 이야기가 무엇을 의미하는지 독자 여러분은 금방 이해할 것이다.

먼저 쇠똥구리의 특징을 살펴보자. 우리나라의 것은 체장(몸길이)이 약 1.8센티미터이고, 몸은 흑색에 광택이 나며, 촉각(더듬이)은 적황색에 가깝다. 불도저 꼴로 머리 끝에는 돌기가 나 있고 쇠스랑 같은 넓적한 앞다리 끝에는 톱니가 나 있어 땅을 파거나 똥을 동그란 공 모양으로 자르기 쉽게 되어 있다.

살아 나가기 좋게 진화한 것을 보면 그들의 환경 적응력에 고개가 숙여진다.

그리고 이놈들의 후각도 알아줘야 하는데, 수킬로미터 밖에 있다가도 쇠똥 냄새를 맡으면 득달같이 달려온다고 한다.

아프리카 케냐의 국립공원에서 관찰한 쇠똥구리는, 똥이 약간 가슬가슬 마르면 머리 끝을 처박고 넓적다리를 놀려 쇠톱으로 물건을 자르듯 깎아질러 파 내려간다. 세로 가로 깊이를 재지도 않고 사방팔방으로 재단한 듯 둥근 똥 덩어리를 멋지게도 만들어 낸다. 알고 보니 이 덩어리에다 알을 슬어 놓는데, 그래서인지 이들 이름이 '넙셜볼(nuptial ball)'이다. 굳이 우리말로 옮기면 '결혼식 공'이 되겠는데 '사랑의 똥 덩어리'라 하면 어떨지 모르겠다.

종에 따라 덩어리 하나를 만드는 데 걸리는 시간이 달라서, 빠른 놈은 1분 6초, 느린 놈은 53분 정도가 걸린다. 그런데 아프리카에만도 고만고만한 풍뎅이가 2,000종이 넘는다.

주로 수놈들이 덩어리 만들기를 하는데 종에 따라서는 암놈이 하는 경우도 있다.

쇠똥구리는 덩어리가 둥글면 굴리기가 쉽다는 것을 어떻게 알아냈을까. 아무튼 이제 쇠똥구리는 제 몸뚱어리보다 더 큰 볼(ball)을 굴려 옮겨야 한다. 이를 위해 부부가 힘을 합치는데, 수놈은 물구나무를 서서 앞다리를 땅에 박고 뒷다리에 힘을 줘 밀고, 암놈은 앞에서 바로 서서 앞다리로 끌어당긴다. 그런가 하면 어떤 종은 수놈이 슬슬 밀어 굴리고, 암놈은 덩어리 위에 올라타 아슬아슬해 보이기도 한다. 가장 빠르게 굴리는 놈은 1분에 14미터를 넘게 간다고 하는데 뭐가 급해서 그렇게 빨리 굴려야 하는 것일까. 미물들의 행동에도 그럴 만한 이유가 있다. 그놈들의 세계에도 찌그렁이 붙는 놈들이 많아서, 힘센 놈들에게 빼앗기고 날치기 당하지 않으려면 빨리 굴려 안전한 굴에 묻어야 하기 때문이다. 똥 덩어리를 길바닥에 놓고 싸움질이 일어난다고 했는데, 쇠똥구리는 살아 있는 풀보다 거의 소화된(실은 소 뱃속에서 미생물들이 발효시킨 것이다) 쇠똥이 제 먹이라 그것을 두고 치열한 먹이 싸움을 하지 않을 수가 없다.

이들 세계도 흉흉한 세상이라 덩어리를 옮겨 놓자마자 굴 파기에 돌입한다. 똥 굴리기도 힘에 겨운데 또 땅 파기를 해야 한다. 땅굴 파기는 주로 암놈이 맡아서 하는데 열심히 흙을 파 내려가면 수놈은 그 흙을 물어다 멀리 치워야 한다. 허기가 지면 옆의 똥 덩어리를 질겅질겅 씹어가면서 어떤 놈들은 굴을 1미터 넘게 파 들어가기도 한다.

「아프리카 쇠똥구리의 생태 *The ecology of the african dung beetle*」라는 논문에는 이 땅 파는 순간을 다음과 같이 서술하고 있다.

"암놈은 굴 속에 있으니 새나 다른 포유류에게 먹히지 않아 안전하나 수놈은 위에 있어 만일의 경우 암놈 대신 먹혀 암놈을 보호한다."라고.

쇠똥구리가 덩어리를 굴려온 뒤 집을 짓는 땅 파기는 주로 천적을 피해 캄캄한 밤에 한다고 한다. 덩어리의 크기는 다 달라서 콩알만 한 것에서 정구공만 한 것까지 다양한데, 굴 파기가 끝나면 똥 덩어리를 굴에 굴려 넣고 짝짓기를 시작한다. 새끼가 먹고 클 집(먹이)을 제자리에 넣고서야 짝짓기를 하는 것이다. 암수가 짝짓기를 하면서 암놈만은 유별나게 쇠똥을 게걸스레 질근질근 씹어먹는데, 알을 튼실하게 하기 위함이라 해도 다른 동물에서는 보기 드문 행동이다. 그것도 그렇지만 지금까지 우리가 본 것들이 모두 이놈들만이 가진 괴이한 행동임엔 틀림없다. 자르고, 굴리고, 파고, 묻는 이 행동은 과연 누가 가르친 것이며 어디서 나오는 것인가. 우리가 보면 소꿉질 같은 이 행위가 그들에겐 삶의 투쟁이다.

보통 한 개의 덩어리에 알 하나를 낳는다고 하니 여러 개의 알을 낳는 쇠똥구리 부부는 여러 개의 덩어리가 필요하다. 그래서 똥 잘라 덩어리 만들어 굴려 와서 땅 파고 알 낳는데 시간 가는 줄을 모른다.

쇠똥구리는 목장의 똥을 치워 주고, 굴을 파서 땅 밑에 공기가 잘 통하도록 통기(通氣)를 돕고, 굴의 똥은 썩어 땅을 기름지게 해 주니 이래 저래 익충이다. 똥 속의 알은 부화되어 새끼손가락만 한 굼벵이(유충)가 되고 그것이 자라 번데기로 되었다가 어미가 된다.

그리고 굼벵이란 말에 생각나는 일이 있다. 언젠가 전북 고창에서 한 농부가 굼벵이를 키워 보겠다고 사육법에 관한 문헌을 알려 달라고 한 적이 있다. 여기저기 알아봤으나 신통한 답이 없이 미안했던 기억이 난다. 간에 좋다는 그 굼벵이 잡느라 제주도 초가집이 비싸게 팔린다는 이야기를 들었다. 국어사전에서 굼벵이를 찾아보면 매미의 유충으로 되어 있는데 사실 굼벵이는 이들 풍뎅이 무리의 유충이다. 쇠똥이나 두엄은 물론 썩어가는 지붕도 결국은 짚이 썩은 것으로, 그것을 먹고 사는 풍뎅이(갑충)들은 먹이 생태가 비슷하다. 즉 이들 갑충들은 부패 중인 짚에 알을 낳는데, 이것을 굼벵이 사육에 뜻이 있는 사람이 알아 둔다면 도움이 될 것이다. 정말로 그 굼벵이가 부은 간에 좋은 것일까. 생명을 받을 때 죽음도 같이 받는다고 하던가.

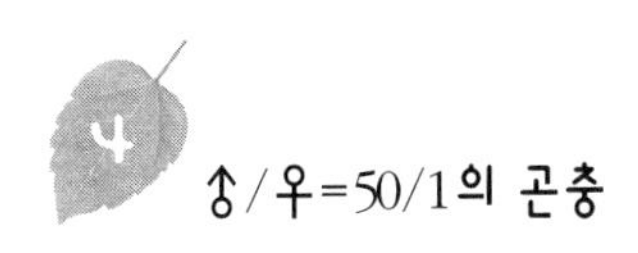

4 ♂/♀=50/1의 곤충

중국의 진나라 차윤(車胤)이 반딧불로, 손강(孫康)이 눈 빛으로 글을 읽었다는 고사에서 형설(螢雪)이란 말이 생겼다는데, 갖은 고생을 하여 학문을 닦는 것을 두고 형설지공(螢雪之功)이라 한다.

실은 필자도 반딧불이를 몇 마리 잡아 병에 넣고 시도해 봤으나 책 읽기에는 얼토당토않기에 그저 반짝거리는 똥구멍을 잘라내 이마에 짓눌러 문지르고 귀신놀이를 했던 기억이 있다. 그리고 볼에 문질러 인디언놀이도 했는데 그때 반짝거리던 것이 바로 반딧불이다. 반딧불은 열을 덜 내는 특징이 있다. 깜빡깜빡 빛이 나면서 조명탄같이 흩날리는 반딧불이는 여름밤의 대명사였으나 지금은 보호 지역에서나 가끔 볼 수 있다. 그래서 이 반딧불이를 연구하는 데 가장 어려운 일은 채집이 제대로 되지 않는다는 것이다. 일단은 유충을 많이 잡아야 실험실에서 사육하여 발생, 생태 등을 연구할 텐데 말이다. 반딧불이를 못 보는 세상이 오리라고는 어느 누구도 생각하지 못했겠지만 모두가 자승자박이요, 자업자득이다. 늦었다고 생각할 때가 가장 빠르다고 했으니, 지금부터라도 정신 차려서 자연을 해치지 말아야 할 것이다.

반딧불이는 절지동물문(節肢動物門)의 곤충으로 딱정벌레목에 속하는데 일반적으로 갑충이라 부른다. 앞날개는 두껍고 딱딱하나 뒷날개는 얇아서, 살포시 날아와 앉을 때는 뒷날개가 앞날개에 덮여 보이지 않는다.

반딧불이와 비슷한 갑충으로 무당벌레, 길앞잡이, 바구미 등이 있는데 동물 중에서 가장 많은 것(70퍼센트 이상)이 곤충이고 그 중에서 가장 다양한 것이 이 갑충이라고 하니, 이들을 지구의 주인이라 불러도 될 성싶다. 반딧불이는 영어로 '불빛을 내는 파리'라는 뜻의 파이어플라이(firefly)라고 하나, 사실 파리(fly) 무리는 아니다.

반딧불이처럼 빛을 내는 생물을 발광 생물(發光生物)이라 하는데 이렇게 빛을 내는 생물에는 세균에서부터 버섯, 지렁이, 지네, 오징어, 메기, 심해어 종류 등 수없이 많다. 모두가 살아남기 위해 나름대로 특이한 적응을 한 것이다.

그리고 반딧불이란 말을 사전에서 찾아보면 개똥벌레 이외에 반딧불, 반디, 반되불 같은 단어만 나와 있는 경우도 있다.

생물의 용어 통일이 늦은 것도 문제지만 출판사 사람들도 전공학자들과 상의하지 않고 국어학자들 이름만 빌리다 보니 그렇게 되기 일쑤다. 뭐니 뭐니 해도 생물의 이름은 생물명명집(生物命名集)에 올라 있는 것을 써야 하는데 반딧불이도 '곤충명명집'에 표준어로 당당히 표기되어 있다. 다시 말해서 생물의 국명은 명명집이나 도감의 것을 기준으로 삼아야 한다.

어쨌거나 반딧불이는 완전변태를 하는 놈이라 '알 → 유충(애벌레) → 번데기 → 성충'으로의 변화가 일어난다. 그런데 반딧불이의 유충이 사는 곳은 종에 따라 달라서 애기반딧불이[*Luciola lateralis*]는 알을 물가의 이끼에 낳고 부화된 애벌레는 물에서 살며, 꽃반딧불이[*Lucidina biplagiata*]나 늦반딧불이[*Lnychuris rufa*]는 육상종(陸上種)이라 알을 식물 뿌리에 낳고 새끼는 풀밭에서 산다.

반딧불이는 세계적으로 130여 종이 되고, 현재 우리나라에는 여기에 예를 든 세 종 외에도 다섯 종이 더 있어 모두 여덟 종이 기재(記載)되어 있다. 그런데 그 중에서도 우리나라를 떠난 것이 있지 않나 싶어 마음이 음울해진다. 근래 통계를 보면 우리나라에 사는 고등 동식물 180여 종이 멸종된 것으로 나와 있는데, 하등 동식물까지 합치면 그것의 몇십 배가 넘을지도 모른다.

먹지 않고 짝짓기에만 열중하는 반딧불이

반딧불이는 보통 6~9월에 활동을 주로 하는데, 이들은 성충이 된 후 고작 일 주일 정도 살면서 짝짓기를 끝내고, 산란하고 나면 곧 죽는다. 그래서 하루살이 같은 곤충과 마찬가지로, 성충은 지방 성분을 많이 비축해 놓아 먹지도 않고 새끼치기에만 전념한다.

알은 1개월 후 부화해 유충이 되며, 유충 상태로 월동(겨울나기)을 한다. 다음해 4월경이면(빨리 나오는 종) 월동에서 깨어난 유충은 무럭무럭 자라면서 6~7회 탈피(脫皮)를 하고 탈바꿈하여 번데기가 된다. 그런데 이들 유충들은 뭘 먹고 살까. 육상종은 주로 육상 달팽이를 잡아먹고 수서종(水棲種)은 역시 권패(卷貝)인 물달팽이나 다슬기를 먹는다. 그래서 반딧불이를 사육하기 위해서는 달팽이나 다슬기를 채집하고 키워야 하는 번거로움이 뒤따른다.

생명을 잉태한 반딧불이 번데기는 땅속에서 40~50일 정도 긴 잠을 잔 후에 날개가 생기면(羽化, 우화) 처녀비행을 하고, 그후 일 주일간 짝짓기를 하고 죽어간다.

"반딧불이로 별을 대적할까."라는 말이 있는데, "달걀로 바위치기."

와 같은 표현으로 반딧불이가 뿜어내는 불빛이 미약하기 짝이 없다는 뜻일 것이다. 그런데 반딧불이의 새끼가 물과 땅에 사는 놈이 따로 있듯이, 활동도 낮에 하는 주행성(晝行性)과 밤에 하는 야행성(夜行性)이 있으며, 우리가 주로 보는 것이 야행성이다. 빛은 야행성이 더 강하며 반짝거리는 발광 주기(發光週期)도 종과 서식지에 따라 다르다고 하니 사람 얼굴이 제각각인 것과 마찬가지라 하겠다.

그렇다면 어째서 정겨운 반딧불이는 똥구멍에서 빛을 내는 것일까. 똥구멍이라 했지만 정확하게는 복부체절(腹部體節) 끝을 말하며, 이 부분에 발광기(發光器)가 있는데 수놈은 6~7째 마디에, 암놈은 6절(6째 마디)에 있고, 암놈보다 수놈 것이 더 크고 밝다.

곤충들이 의사소통을 할 때 개미나 벌은 페로몬이라는 화학 물질을 분비해서 그 냄새를 이용하고, 매미나 귀뚜라미는 소리를, 이 반딧불이는 빛을 사용한다.

수놈이 일정한 주기로 깜박깜박 신호를 보내면 같은 종의 암놈이 반응 신호를 보내 서로 만나 짝을 짓는다니 이것을 어찌 미물들이 하는 짓으로만 보겠는가. 그리고 반딧불이는 성비(性比)가 다른 동물들과 달라서 그 값이 50이나 되는 놈이 있다. 다시 말하면 ♂/♀=50/1로 암놈 한 마리에 수놈이 쉰 마리나 된다. 그래서 암놈 쟁탈전이 치열할 수밖에 없다. 그렇다면 마흔아홉 마리는 들러리 신세가 되고 마는 것일까. 이런 성비가 생물학적으로 어떤 점에서 유리한지는 아직 모른다. 독자 여러분이 나름대로 추리해 주길 바란다. 그리고 이들은 초저녁에 성적으로 가장 활발해지는데, 이 시간이 되면 암놈이 굴에서 기어 나와 깜박이로 하늘을 나는 수놈을 땅으로 유인해 90초 정도 짝짓기를 하고 바로 제 굴로 되돌아간다. 그리고는 산란을 준비하는데,

결국 그 굴이 무덤이 된다.

번데기에서 성충이 되어 나올 때 몸 속에 이미 충분한 지방 덩어리가 저장되어 있기 때문에 먹는 데는 신경쓰지 않고 오직 짝찾기에만 미쳐 깜빡거리는 것이다. 이렇게 모든 생물들은 나름대로 종족 보존에 필요한 기막힌 작전과 장치를 갖추고 있다. 하나만 덧붙인다면 대부분의 곤충은 페로몬을 분비하여 냄새로 의사소통을 하는데(냄새가 멀리까지 날아간다) 이놈들은 빛으로 하니, 아마도 빛의 감각이 둔화되어 암수가 서로 만나기가 어려워서 이렇게 진화된 것이 아닌가 싶다.

그런데 반딧불이를 잡았을 때 빛은 나지만 열이 없다는 것을 느꼈을 것이다. 생물들의 빛은 냉광(冷光)으로, 특히 반딧불이는 루시페린(luciferin)이란 물질이 산화되어 빛이 나오는데, 산화될 때 생기는 에너지의 98퍼센트가 빛으로 바뀌고 2퍼센트 정도만이 열을 낸다고 한다. 때문에 찬 빛이 나는 것이다.

사람이 먹은 음식은 산화되어 약 40퍼센트가 ATP라는 형태로 에너지로 전환되고 나머지 60퍼센트는 열로(체온 보존에 쓰인다) 바뀌는데, 이것과는 큰 차이가 있다.

이제 우리나라 사람도 여유가 생겨 해외여행(여행이 아닌 관광이 더 많을지 모르겠다)이 부쩍 늘었는데 호주나 뉴질랜드로도 많이 간다고 한다. 그곳에 유명한 웨이토모 동굴이 있는데, 그 천장에서 보는 은하수는 정말로 장관이라고 한다. 그런데 거기서 빛을 내는 동물이 반딧불이가 아니고 파리의 일종인 발광버섯파리의 유충이라는 것을 미리 알고 가도 좋을 성싶다. 안내하는 사람들도 잘 모르고 파이어플라이라고 하며 반딧불이로 설명해 줄 수도 있으니까 말이다. 그리고 그 파리의 유충들이 천장에 명주실을 쳐놓고 빛을 발하는 이유는 먹이를 유혹해 잡아먹기 위함이다. 동굴에 살기 때문에 어미 파리는 눈이 퇴화되었다고 한다.

다른 나라 이야기를 하나 더 보태면, 반딧불이 세계에도 경쟁(다툼), 사기(속임수), 포식(잡아먹기)이 있어서 반딧불이 중에 왁살스런 *Photuris versicolor* 라는 종은 암놈이 육식을 하는데 별명이 *Femme fatale*로, 우리말로는 요부(妖婦)라는 뜻이다. 그런데 이들은 종마다 고유한 신호체계를 갖고 있어서 단위 시간에 얼마나 길게, 몇 번 깜박이는가 하는 주파수는 다 다르다. 이놈은 다른 수놈 반딧불이의 신호를 흉내낸 가짜 신호로 수놈을 유인해서 가까이 다가오면 냉큼 낚아채서 잡아먹는다고 한다. 꾀 많은 여우의 꾐보다 더하다.

이렇게 다른 종과 비슷한 행위를 하거나 몸이 닮거나 유사한 색을 갖는 것을 의태(擬態)라고 하는데, 의태도 적응 방법의 하나로, 모두가 살아가기 위해 몸부림치는 별난 수법이다.

그럼 어떻게 우리나라의 반딧불이를 되살아나게 할 수 있을까. 이놈들이 못 사는 세상(자연)이라면 사람도 살지 못한다. 이 동물은 강이나 냇물의 맑기를 알려주는 지표 동물(指標動物)로, 물이 맑아야 한다. 그리고 먹이가 풍부해야 하는데, 이놈들의 먹이인 다슬기나 달팽이가 살 수 있게 하려면 농약이나 제초제 사용을 절제해 깨끗한 물이 흐르도록 해야 한다. 먹이가 죽으면 당연히 이놈들도 살 수 없다. 그런데 강이란 강은 모두 파헤쳐 둑을 쌓고 해서 잔챙이 물고기 새끼도 제대로 살 수 없게 하였으니 얼마나 근시안적인 행정인가. 게다가 개천의 둔덕에 흙과 풀이 없어 반딧불이가 알을 낳을 곳이 없다. 이런 절규를 우이독경으로 흘려 버리고, 오히려 들어야 하는 귀에 말뚝을 박은 정책 입안자들은 분명히 좋은 내세를 맞지 못할 것이다.

나는 자동차 꽁무니 점멸등(點滅燈)의 반짝거림을 볼 때마다 고향 하늘에도 저렇게 지천으로 반딧불이가 흩날렸으면 하는 바람을 가져 본다.

5 기후를 알아내는 능력이 있는 기생충

흔히 생태계의 먹이사슬에서 인간을 천적이 없는 최종숙주(最終宿主)라고 하나 실제로는 사람을 해치는 천적들이 들끓고 있으니, 그것들 중의 하나가 인체 기생충(parasite)이다. 기생충도 보호해야 할 때가 된 것이다. 지금부터 우리의 관심 밖이었던 채독(菜毒)벌레 즉, 십이지장충(十二指腸蟲)에 관해서 살펴보자.

채독증에 대해 국어 사전에는 "십이지장충 때문에 생기는 병으로 목구멍이 가렵고 천식 비슷한 기침을 하며, 얼굴이 누렇게 부으면서 손발에 피부염이 생기고 심하면 오심(惡心), 구토, 설사를 한다."고 쓰여 있다.

우선 앞의 문장을 통해 십이지장충의 특성을 알아보자. "손발에 피부염이 생긴다."고 하는데 이것은 이놈들의 특징이며, 알 상태로 입을 통해 감염되는 회충, 요충, 편충과는 달리 채독벌레는 유독 '벌레'라는 말이 암시하듯, 알이 아니고 애벌레(유충)로 감염된다. 애벌레란 아기벌레란 말로 어른벌레의 반대되는 예쁜 우리 이름 중의 하나다. 논밭의 흙에 대변과 함께 뿌려진 알(수정란)은 따뜻하고 습기가 많으며 햇빛이 없는 응달에서 부화해 유충이 된다. 그리고 이 유충은 유기물이나 세균을 먹으면서 두 번 탈피하여, 감염이 가능한 유생이 되면 흙이나 풀잎사귀 위로 올라와 사람을 기다린다. 때를 만나 보드라운 손가락이나 발가락 사이에 달라붙어서 대가리로 피부를 뚫고 들어가 피부염을 일으키는 것이다. 사실 논밭의(대변을 거름으로 쓸 때니까) 흙 일을 하고 나면 연한 손 · 발가락 사이가 가려워 피가 나도록 긁어대는데 그때는 이미 핏줄 속으로 들어가 버린 뒤다.

또 "목구멍이 가렵고 심하면 오심, 구토를 한다."고 한다. 십이지장충의 유충은 남새 잎사귀에 붙어 있다가 건성으로 씻은 푸성귀를 생으로 먹었을 때 목구멍(식도)을 넘어가면서 식도벽에 달라붙게 되는데, 보통은 가려움 정도로 끝날 수 있으나 여러 마리가 달라붙은 경우는 심한 구토를 하게 된다. 지금도 어느날 보리밥에 상추쌈 해서 잡수시던 어머님이 갑자기 토하고 심한 구역질을 하면서 힘들어하시던 모습이 눈에 선하다. 그 역겨운 순간 어머니는 참기름을 마셨는데, 지금 생각해 보니 벽에 붙은 유충이 매끄럽게 내려가라는 의미였던 것 같다. 그런데 어떻게 채독벌레 유충이 거기에 달라붙었다는 것을 아셨을까 하는 의문이 아직도 든다. 지금까지의 이야기를 정리해 보면 유충의 인체 감염은 손발이나 입으로 된다는 것을 알 수 있다.

미리 말하지만 채독은 저항력이 강한 알이 아니라 가녀린 애벌레이기 때문에 채소를 소금에 절이면 요놈들이 단방에 죽는다. 김치를 담글 때 덧소금을 뿌리는 것은 배추 숨을 죽이는 것 외에도 이것들을 죽이기 위해서이다. 물론 깨끗이 씻으면 되겠으나 만의 하나라는 위험 부담이 있다.

그리고 또 "천식 비슷한 기침을 한다."는 대목이 있다. 그것도 그럴 것이 살갗으로 들어간 애벌레가 여러 기관을 지나서 결국은 숨관에 도달하여 목 쪽으로 옮아 붙어 꼼작거리며 올라오게 되니, 이때 기침이 나는 것이다. 그러면 살갗에서 숨관까지 지난 길을 한번 따라가 보자. 일단 손발의 피부를 뚫고 소정맥이나 림프관에 들어가서 이곳을 지나는 피와 림프의 흐름을 타고 따라가면 대정맥에 도달하게 된다. 심장의 우심방을 지나 우심실 → 허파동맥을 지나 결국은 허파에 도달하게 되는데, 이때 허파꽈리(폐포)를 뚫고 나온 유생이 기관지를 타고 올라오기 때문에 기침이 나고 메스꺼워진다. 목(인두)으로 올라온 유충은 침을 따라 위(胃)로 내려가 그곳을 지나서 십이지장(샘창자, 여기에 쓸개액과 이자액이 샘처럼 솟아나서 붙은 이름이다)에 도달한다. 길고 긴 여로라 하지 않을 수 없다. 사람의 몸을 한바퀴 돌아왔으니 말이다. 처음 살갗을 파고들 때의 크기는 육안으로 겨우 보일 정도였는데 이제는 창자에서 암수로 나눠져 그곳에서 짝짓기를 하고 피를 빨아먹으며(십이지장벽에 붙어서) 자라기 시작한다. 기생충은 모두 암놈이 수놈보다 조금 큰데, 이것들도 암놈의 체장이 9~12밀리미터, 수놈이 7~10밀리미터로 암놈이 약간 길고 크다. 2개월 후면 벌써 암놈은 산란을 시작한다. 여기서 분명한 것은 십이지장충의 수놈은 정자를 뿌리는 일이 끝났으니 죽었을 것이라는 사실이다. 개미나 벌의 수놈에서부터 연어까지도 짝짓기가 끝나 할 일을 다한 수놈이 모두 죽어 나가는 것을 보면, 사람을 포함한 일부 수놈 동물들의 명은 참 긴 편이다. 그런가 하면 클 대로 다 큰 암놈은 샘창자 벽에서 피를 빨아 먹으면서 하루에 수천 개의 알을 낳는다. 참고로 기생충의 세계를 들여다보면, 이놈들은 무위도식(無爲徒食)하는 놈들이라, 하나같이 소화기관은 거의 없을 정도로 퇴화되고(사람이나 다른 동물의 피만 빨아먹으면 되니까) 대신 생식기관은 가장 발달되어 있다. 잘 관찰해 보면 사람들 세계에서도 유사한 형을 발견할 수 있을 것이다. 인간사회에도 기생하는 사람들이 있으니 말이다.

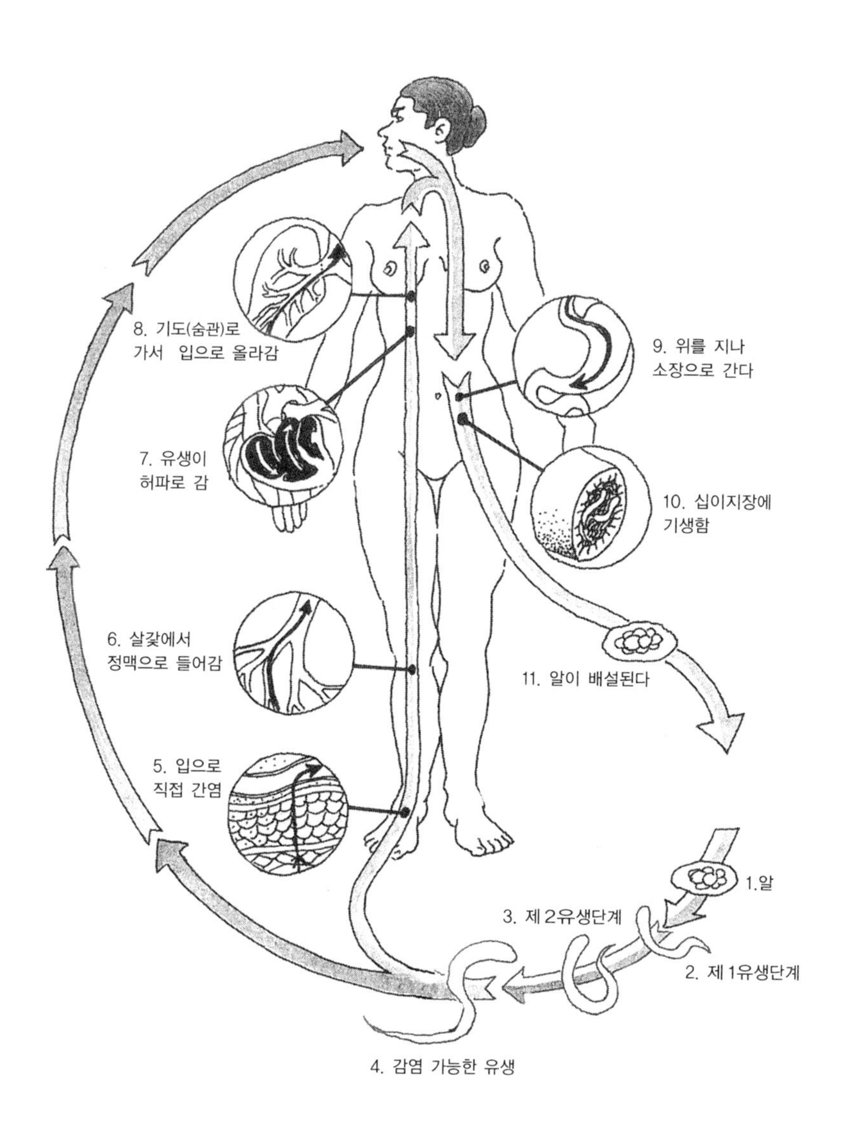

그림 1. 십이지장충의 알에서 우리 몸에 들어오기까지

기상 예측 통해 삶의 지혜를 발휘하는 종

십이지장충 무리 중에서 문제가 되는 종은 대륙의 아메리카구충[*Necator americanus*]과 우리나라를 포함해서 세계적으로 분포하는 두비니구충[*Ancylostoma duodenale*]인데, 이놈들은 모두 입에 예리한 갈고리를 가지고 있어 '갈고리벌레'라는 뜻인 hookworm이라 부른다.

학명에서 Ancylo는 곱사등이처럼 '굽었다'는 뜻이고, stoma는 '입'이란 뜻으로, 속명은 입의 끝 부분이 휘어져 있고 가늘다는 의미이며, *duodenale*에는 duodenum(십이지장)이란 뜻이 들어 있다. 어쨌거나 샘창자에 딱 달라붙어 피를 빠는 이놈들은 지금도 세계적으로 10억 인구를 괴롭히고 있다. 한 마리가 하루에 찻숟가락 하나 정도의 피를 빤다니 여러 마리가 붙어 빤다면 어떤 일이 일어날지 상상해 볼 수 있다. 60억 인구의 1/6이 아직도 이 기생충의 밥이 되고 있다니 과학이며 문화는 누굴 위해 존재하는지 의문이 생기지 않을 수 없다. 문명의 이기인 전기의 혜택을 받지 못하는 이도 전체 인구의 1/3인 20억이나 된다고 하니, 텔레비전을 못 보는 사람은 말할 필요도 없다. 그리고 43퍼센트가 지하수를 마시고 33퍼센트가 화장실이 없이 산다고 하니 심각한 빈익빈 부익부 현상이다. 그런데 시간이 갈수록 그 간격은 더욱더 커지고만 있어 세상은 요지경이요, 만화경이다.

어쨌거나 십이지장충의 성충을 관찰해 보면 몸이 너저분한데 그 이유는 이놈들이 쓸데없이 피를 너무 많이 빨아, 피가 거의 소화되지 않고 몸 밖으로 나가기 때문이다. 그리고 이놈들은 인두의 식도샘에서 모기나 흡혈박쥐처럼 혈액 응고 방지 물질을 분비하기 때문에 창자벽에 입을 꽂아만 놓으면 피는 응고되지 않고 저절로 몸으로 들어오게 된다. 사실 여러 마리가 기생하면 피의 손실로 단백질과 철분이 결핍되어 빈혈이 발생한다. 그리고 어린아이들의 경우는 약골(弱骨)을 만들고 정신 발육에도 지장을 초래한다. 채독벌레에 감염된 아이들은 흙이나 종이, 숯 같은 것을 질근질근 씹거나 먹는 이상한 행위를 하는 이식증(異食症)에 걸린다고 한다. 철분 부족을 메우기 위한 행위라 하겠는데, 필자도 같은 체험을 해 봤고 처참했던 어린 시절을 되돌아보기 싫으나 그래도 그 시절이 좋았다는 생각이 든다.

또 앞 문장에서 "얼굴이 누렇게 부으며,"라고 했는데 여기서 누렇다는 것은 핏기 없는 창백한 얼굴을 말하는 것으로, 영양 결핍일 때 쓰는 말인 "누렇게 떴다."는 표현과 같다. 그리고 얼굴이 부어오른다는 것은 단백질 결핍에서 오는 일종의 부종(浮腫) 현상으로, 핏속에 단백질이 부족한 상태를 말한다. 부종은 한마디로 혈액에 단백질이 부족해서(농도가 낮아서) 조직의 물이 혈관으로 빠져나오지 못하고 그대로 고여 있는 상태를 말하는 것으로 6 · 25전쟁 때의 우리네 아이들이나 지금의 비아프라(Biafra), 르완다(Rwanda) 아이들이 하나같이 퀭한 얼굴에 배가 절구통같이 솟아나 있는 것도 실은 물이 가득찬 물통인 셈이다. 내가 어릴 때만 해도 윗동네 바우는 할머니가 쥐를 잡아 먹였다 해서 손가락질을 받았고 지렁이를 삶아먹었다고 해 꺼림칙해서 가까이 가기를 꺼리곤 했는데, 지금 생각해 보면 그것은 못살던 시절 단백질 공급원 역할을 했던 것 같다. 그리고 간 기능이 좋지 않아 복수(腹水)가 차는 경우에는 알부민이라는 주사를 맞는데, 알부민 단백질이 혈관에 들어가면 혈관 쪽의 단백질 농도가 조직보다 짙어짐으로써 조직의 물이 혈관 쪽으로 이동하여(물은 옅은 농도에서 짙은 농도 쪽으로 이동한다) 복수 증세가 일시나마 호전된다. '영양 결핍' 문제가 나오면 항상 단백질이 등장하는 이유가 바로 여기에 있다. 그래서 그만큼 단백질이 중요하다.

여기서 유충에 대해 조금 더 살펴보면, 앞에서 설명한 것처럼 온몸을 돌던 십이지장충 유충이 어머니의 젖을 타고 나와서 젖먹이 신생아에게도 감염이 된다는 것이다. 어머니의 젖꼭지에서 흘러 나오는 그 모유 속에 못된 기생충의 새끼가 꿈틀거리고 있다고 생각하면 기생충이 두려워지기도 하지만 그들의 생존 전략에는 놀라움을 금치 않을 수 없다. 뿐만 아니라 유충들이 기후(계절)도 알아내는 능력이 있다니 이것들을 어찌 붙어 살이하는 얌체 생물이라고만 평할 수 있겠는가. 인도에서는 유충들이 숨관을 타고 올라와 식도에서 위를 지나 창자로 가지 않고 엇나가 근육 속에 수개월간 옴짝달싹 않고 머물러 있더라는 연구 결과도 나와 있다. 이런 행동은 일종의 휴면 상태에 들어갔다고 볼 수 있는데, 앞에서도 이야기했듯이 십이지장충은 습도와 온도가 높은 열대 · 아열대 지방에서 잘사는 놈이다. 다시 말해서 몇 개월이나 유생이 근육 속에 머무는 이유가 인도의 우기(雨期)인 몬순(monsoon)기가 올 때까지 기다리기 위함이었다는 것으로, 그놈들은 언제 비가 많이 올 것인지도 알아차린다는 말이니, 기가 막힐 뿐이다.

연가시를 밴 사마귀는 물가로 간다

이야기가 딴 곳으로 가는 것 같은데, 선형동물(線形動物)에 연가시라는 것이 있다. 흔히 물이 고인 웅덩이 같은 데서 채집되는 놈으로 긴 놈은 70센티미터가 넘는데, 굵은 철사줄 같은 모양으로 엉켜 돌돌 감긴 채 웅덩이에서 꿈틀거리는 것을 볼 수 있다. 이 동물의 유생은 물속의 수서 곤충에 기생하고, 커서는 물에서 기어 나와 풀에 붙어 있는데, 그 유생을 메뚜기가 풀과 같이 먹고, 그 메뚜기를 사마귀가 먹어 결국은 유생이 사마귀 창자에서 성장하여 성체가 된다. 불룩한 사마귀 뱃속에서 종종 길고 굵은 실 같은 것을 발견하게 되는데 그것이 바로 성체가 된 연가시이다. 이 성체 연가시는 물에 알을 낳는데, 여기서 휴면하는 십이지장충의 유생만큼이나 신기한 사건이 발견된다. 성체 연가시를 뱃속에 넣고 있는 사마귀들은 때가 되면 뱃속 연가시의 어떤 영향(명령?)을 받아 모두 물가로 이동한다. 왜, 어떤 물질, 어떤 기작으로 이런 일이 일어나는지 밝혀지지 않았지만 생물의 신비한 한구석임에는 틀림없다.

6 모여 난 질경이가 더 잘 자란다

1995년, 눈길을 끄는 것 중에 임시특례법이라는 것이 있었다. 그 법 내용은 1996년 한 해 동안 동성동본(同性同本)간에도 혼인 신고를 할 수 있다는 것이었다. 해방 후 세 번째 조처인데, 그동안 5만 쌍이 혼인 신고도 하지 못한 채 있었다. 물론 조건은 있다. 8촌 이내의 혈연(친족) 관계가 아니라야 하고 동거 사실이 확인되어야 했다. 사실 동성동본 문제는 생물학적인 것과 도덕(윤리)적인 문제를 다같이 가지고 있는데, 도덕의 문제도 결국은 생물학의 우생학(優生學)에 기초를 두고 있다고 보겠다. 우생학에는 근친결혼(近親結婚)을 피해, 잠재되어 있는 악성인자들이 모여 표현형(表現型)으로 나타나는 것을 예방한다는 의미가 들어 있는데, 특이한 점은 사람이 아닌 다른 동식물들도 서로 유전적(혈연적)으로 멀고 가까운 친족 관계를 알아차린다는 것이다.

먼저, 고릴라를 예로 들어보자. 미국의 필라델피아 동물원에서 4년간 가족 생활을 하던 제시카(Jessica)라는 암놈 한 마리가 새끼를 배지 않아 샌디에이고 동물원으로 옮겨 혈통 관계가 먼 놈과 합사(合舍)를 시켰더니 곧 새끼를 갖더라는 것이다. 한마디로 혈통 관계가 가까운 것끼리는 짝짓기가 잘 되지 않는다는 것이다. 고릴라가 뭘 알까마는 본능적인 어떤 면에서는 인간이 모르고 넘어가거나 가볍게 취급하기 쉬운 것을 그들은 정확하게 알아 종족 보존과 유지에 큰 몫을 한다고 보면 되겠다. 아직 고릴라는 멸종 직전에 놓인 '멸종위기(endangered-species)'가 아니기 때문에 그리 문제가 안 되지만, 어떤 희귀종들은 혈연 관계를 알아차려 버려 씨를 받아 보존하는 데 장애가 된다고 골치를 앓는 학자도 있다.

식물에서의 한 예로 보라색 꽃을 피우는 참제비고깔[*Delphinium* sp.]이라는 관상용 식물은 꽃가루로 종이 가까운 식물인지 먼 식물인지를 구분해내어, 유전적으로 너무 가깝거나 너무 멀면 수분(受粉)과 수정(受精)을 피한다고 한다. 참제비고깔을 예로 들었지만 다른 식물에서도 자가수분(自家受粉, 제꽃가루받이)이 잘 일어나지 않는 자가불화합성(自家不和合性) 성질이 있다. 과수원의 여러 그루 자두나무와 화단에 심은 한 그루 자두나무의 결실(結實) 정도가 차이가 날 것이라는 점을 독자들은 이해할 것이다.

어쨌거나 동식물들은 혈연적인(유전적인) 멀고 가까움을 알아차려 새끼나 친구는 물론이고, 4촌이나 6촌까지도 냄새나 화학 물질 또는 소리로 구별(판별)한다고 한다. 몇 개의 예를 보자.

제비는 처음에는 집을 기억하지만 산란 후 스무 날 남짓 후에 새끼가 울기 시작하면 집이 아니라 새끼의 소리를 기억한다. 여기서 집을 기억하는 것을 간접적 인식이라 하고 새끼 소리를 기억해서 제 새끼를 찾아 알아내는 것을 직접적 인식이라 하는데, 재미있는 것은 동물에 따라서 새끼를 인식하는 방법이 다르다는 것이다. 개구리는 새처럼 소리로 구분하고, 포유류는 눈(시각)으로 구분한다고 하는데, 포유류도 새끼를 처음 낳았을 때는 냄새로 구분한다. 예를 들어 아이를 낳은 산모의 눈을 수건으로 가리고 일정한 거리에 젖먹이를 두면 냄새로 제 자식을 찾아낸다는 흥미있는 실험 결과도 있다. 또한 아직 눈을 제대로 뜨지 못하는 유아들 역시 냄새로 엄마를 알아낸다. 그리고 제비의 경우 처음에는 집만 기억하기 때문에 그 속에 어떤 새끼들이 들어 있는지 관심이 없어 다른 새끼가 입을 벌려도 다 먹이를 준다. 붉은머리오목눈이가 뻐꾸기 새끼를 키울 때에도 처음에는 작은 둥지만 기억하고 먹이를 먹였고, 나중에는 뻐꾸기 새끼가 짹짹거리는 소리를 구분하여 열심히 먹이를 먹이는 모성애를 발휘한다. 물론 이때 뻐꾸기 새끼에게는 당연히 그 작은 붉은머리오목눈이가 어미로 각인되어 있다. 새끼 키우는 능력을 잃어버렸다고 해야 할지 게으르다 해야 할지(생물학적으로 전자가 옳다) 모르겠으나 뻐꾸기는 이런 식으로 새끼를 위탁하며 종족을 보존해 가고 있다. 새끼도 커서 다시 어미처럼 붉은머리오목눈이의 둥지를 넘보게 되는데, 이는 본능과 유전의 무서운 세계라 할 수 있다. 참고로 뻐꾸기라는 놈은 뱁새라고 불리는 이 작은 붉은머리오목눈이 말고도 멧새 무리 등 여러 새를 위탁모로 쓴다.

그런데 제비들은 어떻게 새끼의 소리를 일일이 기억할까. 수십만 마리가 떼를 지어 다니면서 새끼를 낳는 펭귄 같은 물새들도 무리 중에서 소리로 제 새끼를 알아낸다고 한다. 새끼 한 마리 한 마리의 소리가 다르기 때문이라고는 하지만 대단하다 하지 않을 수 없다.

앞에서 제비의 새끼 인식 방법에 관해서 말했는데, 다른 동물은 어떻게 새끼나 친구, 가족을 알아내는지 보도록 하자.

올챙이가 서로 모여 떼를 짓는 것은 서로의 냄새를 통해서이고, 벌이 집 입구에서 가족임을 확인하는 것도 냄새이며, 다람쥐도 냄새로 친형제인지 4촌인지를 알아낸다고 한다. 우리를 더 놀라게 하는 것은 식물도 친족을 인지한다는 것이다. 참제비고깔의 화분(花粉) 이야기를 앞에서 언급하였지만, 영국의 한 질경이 종은 홀로 멀리 떨어져 있는 것보다 친구가 있으면(촘촘히 나 있으면) 뿌리에서 분비되는 화학물이 서로를 자극하여 더 빨리 자란다고 한다. 아마도 사람이 자식을 키울 때도 이와 같은 현상이 일어나지 않나 싶다. 외동 아들딸이 육체적으로나 정신적으로 완벽하지 못하다고 관찰해 온 옛 어른들의 눈도 비범치 않다고 봐야 하겠다. 형제자매 몸에서 분비되는 어떤 화학 물질을 받지 못하니 홀로 난 영국 질경이와 다를 바 없는 것이다. 그리고 텃밭에 씨앗을 뿌릴 때도 같은 종류의 씨를 따로 모아서 흩뿌리는 것(섞어 뿌리지 않는 것)을 보면, 식물의 이점을 우리네 조상들은 경험으로 벌써 알았다고 해야 하겠다.

그런데 이렇게 땅 위에 사는 동식물뿐만 아니라 바다에 사는 멍게 무리도 화학 물질로 같은 혈통임을 알아내어 여러 마리가 서로 결합한다. 이런 미물들도 군체(群體)를 형성할 때 피가 가깝고 먼 것을 알아낸다고 하니 오묘하다 하지 않을 수 없다.

혈통 인지는 생물계에 어떤 이로움이 될까

그런데 여기까지 오면서 혈통을 인지한다는 이런 사실이 근친결혼을 피하기 위함이라고 정의 내리기엔 설명이 좀 부족하다는 생각이 들 것이다. 그렇다면 혈통 인지라는 것이 생물계에 또 어떻게 유리하게 작용할까. 사람들의 결혼이란 것도 보면 가능한 같은 지역의 사람들과 통혼(通婚)을 하고(하기를 좋아하고), 같은 민족은 물론이고 피부색이 같은 인종끼리 결혼을 하려고 하면서도 근친결혼은 피하려 한다. 한마디로 '너무 멀지도 너무 가깝지도 않은' 것을 좋아(결혼)한다는 것이다. 바로 이점이 혈통을 인지하는 첫 번째 이유이다. 그리고 두 번째 이유는 해밀턴(W.D.Hamilton)이 주장한 것처럼 지구상에 살아남은 자연선택이 잘된 생물들은 모두가 친인척을 아끼는 것들로, 이런 행동이 많은 유전자(종족)를 퍼뜨리는 결과를 가져왔다는 데 있다. 벌이나 개미의 세계에서(자연선택이 가장 잘된 무리들이다) 일벌이나 일개미가 제가 낳은 새끼가 없는데도(아닌데도) 새끼들을 보살펴 주는 것은 바로 종족 보존의 본능에 의한 것인데, 그 중에서도 이 혈통 인지라는 무서운 끈 때문이다. 그리고 이러한 종족 보존의 본능으로 개미들이 부엌은 물론이고 방에까지 살터를 넓혀 나간다. 사람들이 노인을 도와주고 남의 집 어린아이들을 보호해 주는 이유도 생물들의 이런 특성에서 찾아볼 수 있는 것이다. 씨족 개념, 민족의식 같은 개념을 그런 각도에서 해석해 보는 것도 생물사회학(生物社會學)적 관점에서 재미있을 것이다.

앞에서 멍게의 군체 형성을 간단하게 설명했는데 이 동물은 무척추동물 중에서 가장 발달한 원색동물(原索動物)로, 뇌가 없어서 혈통 인지를 정신적으로는 하지 못한다. 그렇지만 생물로서 할 일을 다해 유전 인자에서 정해진 면역 물질(독물질)을 만들어 내어 자신과 다른 동물들은(비슷한 멍게지만) 쫓아 버리고 같은 종끼리 군체를 이룬다. 또 유전적인 원인으로 행동하는 동물에는 쥐가 있는데 이것들도 유전자에 따라 몸의 냄새(체취)가 달라, 멀고 가까운 것을 냄새로 알아차린다. 그리고 암놈은 짝짓기는 냄새가 다른 수놈과 하더라도 집은 냄새가 같은 무리들과 짓는다. 이렇게 상대방을 알아내는 신호 물질이 유전적으로(선천적으로) 만들어지는 경우가 있는가 하면 그렇지 않은 경우도 있다. 예를 들어 말벌의 일종인 쌍살벌(paper wasp)은 집을 만들 때 사용한 식물의 섬유질 냄새(집 냄새)가 벌의 몸에 배게 되는데, 이 냄새로 친구와 적을 구별한다. 이것은 유전적이기보다는 환경에서 온 결과이다. 혈연 관계의 가까움과 버성김을 생성 초기에(어릴 때) 배우게 되는데 그것은 여러 가지 경험과 증상으로 알 수가 있다.

그런데 생물계를 더 깊이 들여다보면 가까운 혈통끼리 서로 잡아먹는 동족 살생 행위가 성행하는 경우도 허다하다. 암놈이 서방질을 해서 새끼의 25퍼센트가 제 새끼가 아니라도 그것들을 모두 보살피는 붉은날개검은새(red-winged black bird) 수놈의 박애정신 같은 것은 어디서도 찾아볼 수 없고, 오히려 가까운 사이에 살생이 벌어지기도 한다. 올챙이들도 먹을 것이 많을 때는 서로 해를 끼치지 않으나 기아 상태가 되어 자신의 생존에 위험이 닥치면 형제자매도 사정없이 잡아먹는데, 모든 동물에서 흔히 볼 수 있는 현상이다.

그런데 미국 아리조나에 사는 호랑이도롱뇽을 관찰한 결과가 꽤 흥미롭다. 한 종은 혈통을 몰라보고 서로 잡아먹어 번식 속도가 느리고, 다른 유사한 종은 서로를 알아봐서 최악의 경우만 동종을 잡아먹기 때문에 훨씬 종 보존율이 높더라는 것이다. 여기서 같은 종을 인지하고 서로 잡아먹지 않은 것이 유리한 이유는 동일종은 서로 혈통이 비슷해서 면역계까지도 유사한데, 병에 걸린(세균이나 바이러스가 들어 있는) 같은 종을 잡아먹으면 자신도 감염이 될 수 있다. 이런 점을 알아서 서로 잡아먹지 않는지는 알 수가 없으나 결과적으로 그런 해석도 가능하다. 어쨌거나 생물계에 동족 아끼기(nepotism)와 서로 잡아먹기(cannibalism)가 공존하는 것은 불가사의한 일이라 하겠다.

7 술 좋아하는 초파리

매우 희미하고 작은 것을 "파리 족통만 하다."라고 하고, 풀 끝의 이슬에 비유한 초로인생(草露人生)을 "파리 목숨 같다."라고 하며, 또 손을 싹싹 비벼 애걸하거나 윗사람에게 아부할 때 "파리 발 드리다." 라고 한다. 그뿐 아니라 위보다 더 높은 위가 있음을 비유하여 "파리 위에 날나리가 있다."라고 하고, 남을 뜯어먹거나 한몫 끼어 이득을 보려는 사람을 비꼬아 "작은 잔치에 파리 꾄다."라고 하며, "파리 날린다."라는 말은 무료하거나 손님이 없을 때 곧잘 쓰는 표현이다.

이런 말들에 비추어 보면 옛날에도 파리는 주변에 들끓었고 그래서 그들의 생태를 잘 알았다는 것을 미루어 짐작할 수 있다.

우리가 흔히 보는 파리는 집파리, 똥오줌에 모여드는 똥파리, 시체나 생선에 쉬를 스는 쉬파리(금파리), 소나 말의 등에 붙어 피를 빠는 손톱 크기만 한 쇠파리 들이다.

파리 중에서 쉬파리는 알에서 깨어 나오지만 어미의 몸 안에서 깨어 나오는 난태생을 하고, 쇠파리는 소 피만 빠는 게 아니라 알을 상처난 곳에 뿌려 유충이 피하조직(皮下組織)에서 자라나게 한다. 시간이 지나 이 유충이 크면 땅바닥으로 떨어지는데, 거기서 번데기가 되는 괴짜들이다. 소 이외에도 말, 쥐, 노루, 사슴 등에 기생하는 해충으로, 사슴을 잡아 껍질을 벗겼을 때 흔히 볼 수 있는 구더기가 바로 이

쇠파리의 유충이다.

나머지 파리들은 모두 알로 나와 그 알이 부화해 구더기가 되고 번데기를 거쳐 날개 달고 성충(成蟲) 파리가 되어 나오는 완전변태를 한다. 구더기들은 생존력이 강해서 그 짠 장독 안에서도 산다.

모든 파리 무리는 원래 다른 곤충처럼 날개가 네 장이었으나 뒷날개 두 장은 퇴화되어 몸의 균형을 유지하는 평형간(平衡桿)으로 바뀌고 두 장만 남아 있다. 그래서 파리를 한 쌍의 날개를 가졌다 하여 쌍시목(雙翅目)으로 분류한다. 파리 날개를 떼어보면 희고 작은 살점 조각이 날개 뒤에 붙은 것을 볼 수 있는데 그것이 떨면서 앵 소리를 내니 바로 평형간의 진동이다. 다시 말하지만 파리나 모기들은 모두 날개가 두 장인 쌍시류 곤충이다.

그런데 파리 중에는 몸길이가 2~3밀리미터밖에 안되는 소형종이 있으니 바로 여름에 과일 껍질에 날아드는 두 눈이 빨간 초파리다. 눈이 붉은 놈은 야생종(野生種)인데 눈이 하얀 돌연변이 종도 있다. 서양 사람들은 그놈들이 과일에 잘 모여든다고 프루트플라이(fruit fly)라고 하는데, 우리는 식초를 좋아하는 파리라 하여 초파리라 부른다. 어느 신문을 보니 외국에서 '과일파리'를 재료로 이러이러한 실험을 했다고 길게 소개를 하고 있었는데 참 한심한 일이다. 'fruit fly'를 직역하여 그런 잘못을 범하고 있는 것인데 상식을 벗어난 일이라 하지 않을 수가 없다. 생물을 모르는 사람이 글을 쓸 때 그런 실수를 한다.

우리나라 초파리만 해도 130종이나 되며 앞으로 30종은 더 잡힐 것이라 하니, 얼마나 다양한 종을 가진 곤충인가를 알 수 있다. 그리고 초파리는 공해 물질에 예민해서 공장지대에서는 채집되지 않는다는 보고도 있다.

초파리는 군서방질이 없다

초파리 야생종의 학명이 *Drosophila melanogaster* 인데 Droso는 이슬(dew), phila는 좋아하다(love)라는 뜻으로 속명은 '이슬을 좋아한다'는 의미가 되고, 종명의 melano는 검다, gaster는 배라는 뜻으로 '배가 검다'는 특징을 말하는데 특히 초파리 수놈의 꽁지 끝이 검다는 점을 강조하고 있다.

초파리도 여느 곤충과 마찬가지로 암놈이 조금 크고, 수놈은 앞다리에 개구리처럼 암놈을 꽉 껴안을 수 있는 성즐(性櫛)을 가지고 있으며, 복부(腹部) 끝이 암놈은 뾰족한 데 비해 수놈은 뭉툭하다. 그래서 초파리를 전공하거나 생물학과를 나온 사람들은 한눈에 암수를 구분해 내어 짝짓기를 시켜 주는 주례도 곧잘 한다. 그러면 여기서 그림을 보면서 초파리의 짝짓기 과정을 살펴보자(그림2).

초파리의 짝짓기는 반드시 이런 절차를 밟기 때문에 군서방질은 매우 드물다. 그리고 구애의 노래인 날개를 떠는 것도 리듬과 형태가 각각 다르다.

생물학에서 유전학이라는 분야를 연구하는 데는 초파리 실험이 기본이 된다. 개체가 작아서 실험실의 좁은 공간에서도 많이 키울 수가 있고, 생활사가 짧아서(2주마다 새 세대가 이어진다) 좋고 , 암놈 한 마리가 수백 개의 알을 낳으니 통계 처리하기도 용이하고 , 유충(구더기)의 침샘 세포에서는 어느 때나 염색체를 관찰할 수 있기 때문에 실험 재료로 으뜸이다. 초파리가 없었다면 생물학의 발전이 마냥 더뎠을지도 모른다. 이외에도 완두가 그랬고 요즈음에는 대장균 , 담배가 그 몫을 대신하고 있다. 그리고 초파리는 먹새가 조금씩 달라서 과일 외에도 식초, 간장, 술, 생선, 부패한 식물이나 나무진에까지 달

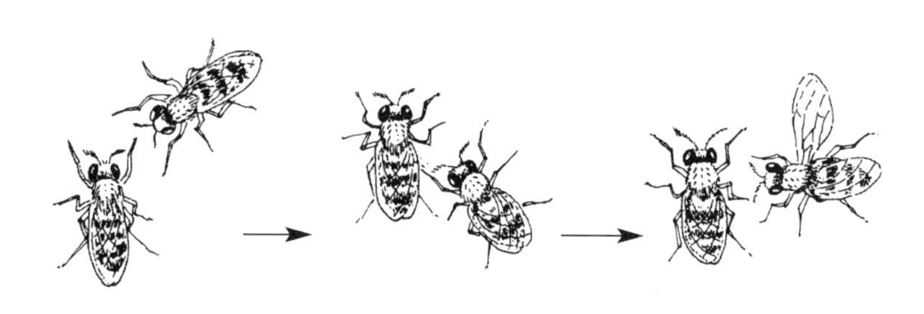

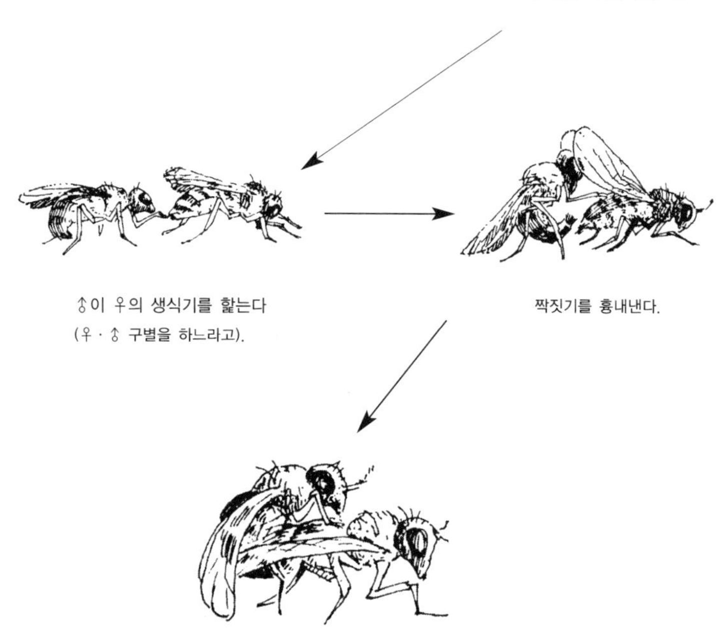

그림 2. 초파리의 ♀ · ♂가 서로 만나 짝짓기를 하기까지

려든다. 초파리는 먹이에 따라 크기, 모양, 눈색, 몸에 난 강모(剛毛)의 길이 등이 다 다른데, 이를 종(種)이 다르다고 표현한다.

생물학에서 종이 다르다고 하면 모양과 크기는 비슷하나 생식기의 궁합이 맞지 않아 서로 짝짓기를 해도 후손(새끼)을 남기지 못하는 경우를 말하는 것인데, 사람은 흑인 · 백인 · 황인이 덩치나 피부색이 달라도 서로 사랑하고 아이를 낳으므로 모두 같은 종이다. 같은 종의 암수는 생식기가 궁합이 맞도록 되어 있기 때문에 동물을 분류할 때 생식기의 구조를 해부 조사하는데, 그 구조가 다르면 같은 종이 될 수가 없다. 그러니 인종이란 말은 종의 의미가 아니라 식물에서 말하는 품종(品種)에 해당한다고 보면 되겠다. 벼라고 하는 종에 수없이 많은 품종이 있고 품종끼리는 교배가 되는 것이다.

술 잘 마시는 야생 초파리

필자는 술을 마셔 불그스레한 사람의 눈을 보고 초파리 눈 같다고 비웃고, 깨지락거리며 술을 마시는 사람을(유전 인자가 없어서 못 마시는 사람은 아니다) 초파리만도 못하다고 놀리는데, 야생 초파리는 눈이 빨갛고 또 술도 잘 먹기에 하는 소리다. 여기서 술(알코올)이란 과일이 발효하여 생기는 것으로, 포도에서 포도주가 만들어지고 다른 과일도 고유의 과일주가 된다. 예로부터 술을 백약지장(百藥之長)이라 평가해 왔으나 과하면 까탈을 부리니 말 그대로 과유불급(過猶不及)이다. 아무리 술이 좋다 해도 마음이 그것을 마시지 못하면 백약무효(百藥無效)다. 또한 초파리도 먹고살기 위해 알코올 분해 효소를 가지고 있는데 사람들 중에는 이 분해 효소가 없어서 한 방울의 술도 못하는 이가 많다.

술을 마시지 못하는 것도 집안의 내력이요, 내림이라 술을 분해하는 효소를 만드는 유전 인자가 없어서 그런 것이니 섣불리 누굴 탓할 일도 아니고, 알코올 분해 효소 결핍증이라 부르는 서양 사람들의 표현도 곡하게 생각할 필요도 없다.

사실 사람만 그런 것이 아니라 쥐나 초파리의 경우도 알코올을 좋아하는 놈과 싫어하는 놈이 있다니 모두가 생물의 다양성이라는 측면에서 보면 이해가 된다. 달팽이처럼 굼뜬 놈이 있는가 하면 제비같이 재빠른 놈도 있듯이.

아무튼 우리가 먹은 밥(녹말)은 분해되어 맥아당이 되고, 또 효소의 힘을 빌려 수십 단계를 거쳐 포도당이 되어 열과 에너지로 변하는데 반해, 술이란 세포에서 곧바로 힘을 내는 것이라 최상의 영약임에는 틀림이 없다.

아이들과 함께 초파리를 길러 보자

얼굴에 거뭇하게 생긴 기미를 '파리똥'이라 하고 비록 양이나 질이 달라도 같은 종류일 때를 비꼬아 "파리똥은 똥 아니냐?"고 한다. 파리가 숱하게 싸댄 똥 자국은 벽지를 새까맣게 만들고, 밥풀에 달라붙어 주둥이 뽑아 침 흘려 녹여 빨아 먹는 것을 유심히 볼라치면 어느새 똥도 싸 놓는다. 그리고 발바닥에 묻혀 온 세균으로 음식에 족적을 남긴다. 이 때문에 우리는 파리를 싫어하고 그래서 파리채로 때려잡고 파리약(파리독)이라는 화학탄을 쏘아 죽인다. 그 통에 애꿎은 초파리도 죽임을 당한다.

하지만 때로는 작은 그릇에 먹고 남은 과일껍질을 담아 두어 꼬마 초파리가 날아들게 한다. 그리고 알을 낳게 그대로 두어 구더기(작아서 징그럽지 않다)가 생기면 키워서 번데기를 보고, 초파리 새끼 날아오르는 것까지 아이들로 하여금 관찰하게 하자.

'초파리의 한해살이'라는 제목을 붙인 공책이라도 만들어 아이들이 초파리 한살이 기록도 하고 현미경으로 관찰해 스케치도 하게 하자. 번데기에서 파리가 나오는 날에는 먹던 케이크라도 옆에 놓아 생일 축가라도 부르게 하고……. 과학 주간이 따로 있는 게 아니고 실험실이 따로 있는 게 아니다.

옆길로 새 버렸는데 파리 한 쌍이 한여름 내내(새끼가 새끼를 낳고 해서) 알을 까면 19×10^{19}(2억경) 마리를 낳는데 이 상태로라면 지구는 파리 이불로 덮이고 만다. 한 쌍이 그 정도니 저 많은 파리들이 안 죽고 새끼를 까면 지구가 파리로 뒤덮이지 않을까 하는 생각이 들지만, 다행히 먹고 먹히는 관계로 인해 자연히 넘침도 부족함도 없이 평형을 이루게 된다. 이렇듯 자연계란 참 오묘한 능력을 가지고 있다.

이렇게 자연은 알아서 조절도 하는 것이니 몇 마리 파리 잡겠다고 함부로 독한 파리약을 뿌리는 것은 삼가야 한다. 같은 생물인 파리를 죽어 나자빠지게 하는 그 약이 사람한테도 해롭지 않을 수 없다.

덧붙이는 이야기

초파리 이야기 끝에 식초(초산) 이야기를 덧붙여 본다. 말 그대로 먹는 초가 식초이다.

옛날 시골에서는 어느 여염집에나 부엌 부뚜막에 지혜의 그릇인 촛단지가 있었고 그것을 신주 모시듯 했다. 그때만 해도 이 식초 맛과 간장 맛은 한 집안의 음식 내력을 평가하는 잣대가 되었다.

식초는 알코올을 초산박테리아(초산균)가 분해한 산물로서, 결국

한 종류의 세균이 술을 분해하여 에너지를 얻어 살면서 번식하고 난 찌꺼기인 셈이다. 그리고 호리병 촛단지를 잘 들여다보면 주둥이에 뚜껑을 꽉 닫지 않고 공기가 통하게끔 느슨하게 막아놓은 것을 볼 수 있다.

경험보다 나은 지식이 없다고, 대부분의 세균은 공기 없이 살아가는 무기 호흡(無氣呼吸)을 하는 데 비해 이 초산균은 산소가 있어야 물질 대사를 하는 유기 호흡을 한다는 것을 촌부들은 벌써 알고 있었다는 것이다. 유기 호흡을 하는 생물이 무기 호흡을 하는 것보다 진화(발달)했다고 보니 초산균은 제법 난 놈 축에 든다.

여기에서 결론을 하나 내 보면 밥(녹말)보다는 엿(맥아당)이, 엿보다는 포도당이 잘게 잘려 있어 몸에 들어가면 빨리 에너지를 내는데, 포도당보다 더 간단하게 된 것이 술이고 그것보다 더 잔 토막으로 잘린 것이 식초다. 그래서 식초를 먹으면 곧바로 에너지를 낼 수 있다. 그뿐만 아니라 초는 침을 나오게 하니 식욕 촉진제로 안성맞춤이고 역겨운 비린내를 없애 준다. 그래서 초고추장으로도 만들어진다.

난봉이나 부려서 사람 구실 할 여망(餘望)이 없는 사람을 '초친 놈'이라 하지만 초는 연탄가스에도 직효약이요, 무좀 · 비듬에도 좋다.

걸쭉한 막걸리를 눈에도 안 보이는 세균이 분해하여 맑디맑은 숨결 넘치는 식초로 만들어 낸다는 것을 알아 낸 조상님네들의 총명함과 지혜로움에 절로 고개가 숙여진다. 말 그대로 온고지신(溫故知新)이다.

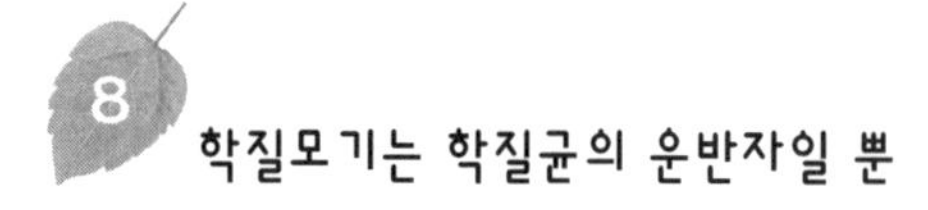

8 학질모기는 학질균의 운반자일 뿐

1995년 여름 난데없이 학질(말라리아)이 나타나서 사람들을 긴장시켰는데 그것이 잊고 있던 내 어릴 때의 기억을 되살아나게 했다. 내 기억이 맞다면 1960년 대에 우리나라에서 사라진 것으로 알고 있는데, 휴전선 근방에서 여러 사람들이 걸렸다니 어찌 된 일인지 모르겠다. 참으로 어이없는 일이 아닐 수 없다.

세계에는 2,000종이 넘는 모기가 살고 있는데 이들은 크게 뇌염모기[*Culex*], 숲모기[*Aëdes*], 학질모기[*Anopheles*]로 나뉜다. 그 중 학질모기는 학질을 옮기는 것으로 이들 무리는 400여 종이다. 하지만 학질모기라고 해서 모두 병균을 옮기는 것은 아니고, 30여 종만 균을 전파시킨다. 그것도 암놈들이 제 알을 성숙시키는 데 필요한 물질이 사람이나 가축의 피에 들어 있기 때문에 달려들어 깨물고 균을 옮기는 것이다.

학질에 대해서는 '의학의 아버지' 히포크라테스가 처음으로 이 병의 특징 등을 기술해 놓았는데, 로마 시대에도 모기 퇴치를 위해 연못의 물을 다 뺐다는 기록이 있는 것으로 보아 그 당시에도 사람을 괴롭힌 병이었던 것 같다. 1차대전 후 1923년 옛 소련에서만도 5백만 명이 이 병에 걸렸고 그 중 6만여 명이 죽었다는 기록이 있다.

그리고 말라리아는 mal'aria에서 온 말인데 mal은 아래라는 뜻이고

aria는 땅이란 뜻으로 '땅 아래'가 되니, 땅보다 낮아 물이 고이고 늪지처럼 축축하여 그곳에 모기가 꾄다는 뜻이다.

필자가 어렸을 때 물이 고이면 모기가 알을 까고 장구벌레가 자란다는 것을 학교에서 배워 실험해 본 적이 있다. 등잔불 켜려고 사 놓은 비싼 석유 몇 방울을 깨진 항아리 괸 물에 띄워 본 기억이 아직도 생생한데, 물 위에 기름이 떠서 기름막을 만드니 장구벌레 숨관 끝에 기름이 묻어서 숨을 못 쉬고 죽었다. 바다 위에 뜬 기름 때문에 뭇 생물이 죽어 나자빠지는 것과 똑같은 원리이다.

학질의 약으로는 퀴닌(quinine)이 제일인데 소태처럼 쓴 것으로 유명하다. 금계랍(金鷄蠟)이라 부르기도 했던 약으로 그것 한 알을 구할 수 없어서, 걸렸다 하면 고열과 함께 사시나무 떨 듯했고 간과 지라가 붓고 적혈구가 터져 나자빠지니, 사람이 마르고 빈혈로 얼굴에 핏기를 잃어 푸르죽죽했다.

퀴니는 기나무[*Cinchona succirubra*] 에서 뽑는다고 하는데, 사전에 보면 이 나무는 남미 페루와 볼리비아의 안데스 산맥 지대가 원산지로 되어 있으나, 실은 팔려간 아프리카 노예에 묻어간 학질이 창궐하자 그들이 살던 곳에 서식하는 이 특효약 나무를 함께 가져간 것이라고 한다. 이는 아프리카에 이미 학질이 있었다는 말인데, 재미있는 것은 병이 있는 곳에 반드시 그 병을 치유할 식물이 있다는 것이다.

약 중의 약인 아스피린도 그렇게 탄생한 것이다. 영국이라는 나라는 1년에 태양이 비치는 날이 두 달이 채 안되기 때문에 음습하여 감기나 신경통을 앓는 사람이 많고, 그럴 때면 민간요법으로 버드나무 종류의 껍질을 달여 먹어 열과 통증을 치료했다고 한다. 그런데 그 껍질 속에 살리신이라는 물질이 들어 있고, 그것을 개량한 것이 지금의 아스피린이다.

식물이 없으면 당장 먹을 것이 없어진다는 것은 대부분의 사람들이 잘 알고 있지만 식물에서 수많은 약을 추출해 낸다는 것은 모르는 경우가 많다. 신약의 40퍼센트 이상이 동식물이나 곰팡이에서 추출된 것인데도 말이다. 우리 한약재를 봐도 약으로 안 쓰는 풀이 없으니, 사실 모든 식물이 약인 셈이다.

얼마 전 미국의 한 회사가 '신의 은총을 받은 나무(blessed tree)'라는 별명이 붙은 인도의 님(Indian neem) 나무 특허권을 따내어 다른 나라(사람)에는 그 나무의 씨앗조차 함부로 반출하지 못하게 한 일이 있었는데, 알고 보니 예부터 이 나무에서 살충제를 뽑아 썼다고 한다. 인도 사람들까지도 마음대로 못 쓰게 했다는 이 나무 문제로 국제 여론이 들끓은 적이 있다. '유전자 식민지주의(genetic colonialism)'라는 신용어까지 등장시킨 이러한 나무 한 종도 나라의 재산이니 종보존(유전자 보존)과 보관을 잘해야 한다는 것을 깨우쳐 준 사건이다.

식물뿐만 아니라 동물에서도 약을 추출하고 있는데, 여러 원인으로 인해 하루에도 105여 종 이상의 생물이 멸종되고 있는 것에 대해 학자들은 크게 걱정하고 있다. 세계자연보호기금인 WWF(World Wide Fund for Nature)에서 내건 광고 문구가 그래서 더욱 눈길을 끈다. "그들이 죽으면 당신도 죽는다(THEY DIE, YOU DIE)."

여름 학질도 다른 병과 마찬가지로 노약자를 노린다. 유아와 노인이 사망하는 것은 그렇다 치고 임산부가 이 병에 걸리면 치명적이어서 유산이나 사산을 한다고 하니 끔찍한 괴질임에 틀림없다.

우리가 어릴 때만 해도 학질은 놀라게 해야 낫는다며 청승맞게 환자에게 삿갓을 씌워 논두렁길을 걷게 하다가 후미진 곳에 다다르면 숨어 있던 사람들이 동이물을 퍼붓거나, 심하면 낭떠러지로 밀어 넘어뜨리곤 했다. 하지만 짓궂은 장난 같은 짓으로 치료 효과가 나타날리 만무했다. 무지란 얼마나 안쓰러운 것인가. 우리도 그랬지만 옛날에는 학질이 왜, 어떻게 걸리는지도 모른 채, 앓기만 하면 이것저것 삶아 먹이곤 했는데, 영국 사람 로스(Ross)가 인도에서 새를 실험 재료로 학질균을 추적하여 생활사를 밝힘으로써 1802년에 노벨상까지 받았다.

여러 약의 개발로 이제 더 이상 학질은 무서운 병이 아니다. 메플로퀸 같은 학질 예방약까지 개발될 정도이다. 그렇지만 못사는 나라에서는 그런 약을 엄두도 못 낸다.

지금까지 학질균이라 하여 병균 또는 균이라 써 왔는데 정확히 말하면 이 균도 원생동물(原生動物)의 포자충류(胞子蟲類)로 네 종이 여기에 속한다. 학명(學名)을 써보면 *Plasmodium vivax*, *P. falciparum*, *P. malariae*, *P. ovale*로, 제일 악질은 *Plasmodium vivax* 인데 '3일열'로 불린다. 3일열이란 3일마다 고열이 난다는 뜻으로, 다음에 상세히 이야기 하겠지만 주기적으로 72시간이 되면 적혈구를 파괴하는데 그때마다 오한(惡寒)이 든다. 그런데 몸은 열이 나 불덩이면서 왜 춥게 느껴지는 것일까.

병에 걸리면 열이 나는데, 이것은 몸을 보호하기 위한 생리작용으로, 침입한 병균을 더운 열로 무력화시키려는 것이다. 일단 균이 침입하면 간뇌(사이골)에서 온도 조절 장치의 온도를 올려놓아 그 온도까지 체온을 올리기 위해서 몸의 근육을 떨게 하는데 그것이 오한이다. 그렇게 해서 체온이 올라갔다가 해열제를 먹으면 열이 빠져나오게 되어, 식은땀이 나면서 체온이 떨어지는 것이다.

이야기가 좀 딱딱하겠지만 그래도 학질균이 어떻게 옮겨지고 어떤 생활사(한해살이)를 갖는지 알아보자.

학질균은 어떻게 옮겨지는가

암놈 모기가 보드라운 살갗을 골라 깨물면 모기 침샘에 들어 있던 어린 학질균인 스포로조아이트(sporozoite)가 사람의 혈관으로 들어가 감염시키게 된다. 그리고 이것이 간으로 옮아가 메로조아이트(merozoite)가 되는데, 이것이 다시 적혈구 속으로 들어가 번식하여 주기적으로(3일마다) 많은 적혈구를 터뜨리며 열을 발생시키므로 이를 '3일열'이라 한다. 그리고 이때 열이 나면서 한기를 느끼게 된다.

이 메로조아이트는 또 다른 모기가 환자의 피를 빨 때 피에 묻어 모기 몸으로 들어가서 모기 위벽에서 생산된다. 그리고 그후 스포로조아이트가 되어 모기 침샘에 머물다가 똑같은 방법으로 다른 사람에게 학질을 옮긴다.

여기서 모기가 깨문다고 했는데 실은 그렇지가 않다. 모기가 사람 피부에 침을 분비하면 침 속에 세포를 녹이는 물질이 들어 있어, 저절로 살갗에 구멍이 나고 모기는 거기에 주둥이를 눌러 넣는 것에 불과하다. 또한 피를 빤다고 하지만 그것도 빠는 것이 아니라 혈압에 의해 저절로 피가 솟아 나오기 때문에 모기는 빨대만 혈관에 꽂고 있는 격이다.

그리고 사람이 적혈구 파괴로 손해를 보듯이, 모기 역시 학질균 때문에 피해를 본다. 학질균이 모기 위벽에서 발생할 때 위벽이 터져 모기도 속된 말로 피를 보는 것이니, 모기만 나쁘다고 매도할 일은 아니다. 다시 말하지만 학질을 모기가 일부러 옮기는 것이 아니라 학질균이 교묘한 수단을 써서 모기를 운반자로 쓰는 것이니 모기 입장에서 보면 사람 때문에 저들도 해를 입는다고 할 것이다.

세계적으로 모기를 퇴치하기 위해서 한때는 '신비의 물질'로 취급되던 디디티(DDT)라는 살충제를 많이 써 왔는데 그것이 사람에게 해롭다는 것이 밝혀지자 사용이 금지되었다. 디디티를 많이 섭취한 새는 생식을 하지 못한다는 등 많은 부작용이 밝혀졌고, 사람에게는 발암 물질이라는 것도 알려졌다. 그렇다고 지금 쓰는 다른 살충제(농약)가 사람에게 이롭다는 뜻은 절대로 아니다.

특히 뿌려진 디디티는 물에 녹아들어 플랑크톤에 들어가 쌓이게 되는데, 먹이사슬에 따라 그것을 먹은 물고기를 잡아먹은 사람 몸 속에까지 쌓이므로 사람에게까지 해를 입힌다.

다시 말해서 일단 생물체에 들어온 디디티는 빠져 나가지 않고 고스란히 다음 단계로 전이되고 농축된다. 들끓는 모기, 이를 잡겠다고 골목마다 마구 뿌리고 주머니를 겨드랑이에 차고 다니던 것이 엊그제 같은데 그것이 그렇게 독한 발암 물질일 줄이야 누가 알았겠는가. 그래서 영원한 진리는 없다고 하는지 모르겠다.

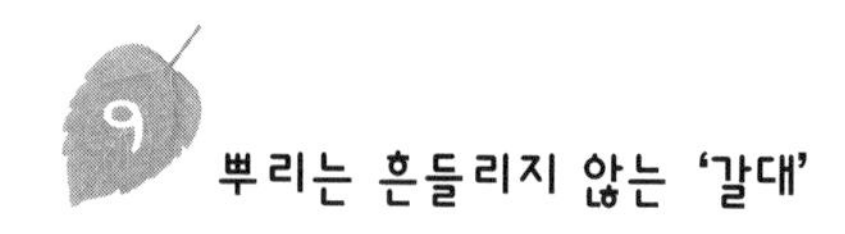

뿌리는 흔들리지 않는 '갈대'

만산홍엽(滿山紅葉). 가을산 풍경이다. 하지만 산꼭대기는 단풍으로 불타 장관을 이루더라도 산자락이나 들판에서는 아무래도 갈대에서 가을의 정경을 찾게 된다. 사람의 마음, 특히 여심(女心)은 갈대와 같다 하여 서양 사람들도 그 풀 한 포기에서 시정(詩情)을 찾았고, 우리는 '갈대의 순정'이나 '소양강 처녀'와 같은 유행가에서마저 초심(初心)을 잊지 말자고 노래하고 있다.

볏과 식물인 갈대는 북반구의 온대에서 한대까지 널리 퍼져 사는 식물로 봄 · 여름 잎대가 곧추서 자라다가, 알알이 영그는 가을 찬 바람이 분다 싶으면 가느다란 꽃대를 길게 뽑아내어 끝에 꽃을 피운다. 갈대는 억새와 비슷한데 갈대는 억세보다 키가 크고 꽃방망이도 훨씬 더 크다. 그리고 회색을 띠며(억새는 새하얗다), 습기가 많은 논가나 물가 둔치에 산다. 그런데 갈대는 줄기 대가 다른 풀에 비해 길어서 미풍에도 나불거리고 살랑거린다. 그래서 줏대가 없는 것으로 비유되어 꽃말도 "언행을 삼가고 조심해야 한다."는 뜻인 '불근신(不謹愼)'이 되고 말았다. 키가 큰 갈대는 사람 키의 두 배가 되기도 하니 바람 잘 날이 없는 것이다.

그러나 키다리 줄기들 사이에 아스라히 걸린 달 위를 기럭기럭 기러기 떼가 나는 밤의 갈대밭 풍경은 한 폭의 그림이다. 가을밤의 운치가 그윽하게 밴 것이다. 그리고 옛날 사람들은(그들이 우리 조상이다) 그 줄기를 묶어서 갈대발을 만들어 그 위에 고추나 도토리를 말려 갈무리하였고, 삿자리를 만들어 방바닥에 깔았다. 뿌리는 노근(蘆根)이라 하여 약으로 썼으며 갈삿갓을 만들어 사용하기도 했다. 삿갓은 대오리와 갈대로 만드는데, 추운 지방에서는 대나무가 없기 때문에(우리나라는 추풍령 이남에서 대나무가 난다) 갈삿갓을 만들어 사용했다. 거기서 멈추지 않고 희뿌연 갈꽃〔蘆花〕을 뜯어서 솜을 대신했으니 그것이 바로 갈솜이다.

이십사효(二十四孝)와 갈대

갈대솜에 얽힌 이야기를 하나 더하면, 옛날 원나라 때 민자건이란 사람이 있었는데, 어릴 때 엄마를 잃고 계모 밑에서 자랐다. 그런데 계모는 자기 소생만 생각하며 건을 미워하고 천대하였다. 그래서 겨울에도 자기 소생은 솜옷을 입히면서도 건의 옷에는 갈대 이삭솜을 넣어 입혀 오들오들 떨게 하였다. 나중에 이 사실을 알아차린 건의 아버지는 크게 노하여 계모를 쫓아내려고 했지만 건은 아버지께 애원하며 새엄마를 쫓아내지 못하게 하였다. 그 일로 계모가 크게 감동하여 자신의 소생과 똑같이 사랑하였다는 이야기이다. 이 이야기의 제목을 '이십사효(二十四孝)와 갈대'라 하는데 나라에서 뽑은 스물네 명의 효자 중에 건이도 뽑혔다는 얘기로 지금까지 전해져오고 있다.

여담이지만 앞에서 말한 「소양강 처녀」 가사 속에 "외로운 갈대밭에 슬피우는 두견새야, 열여덟 딸기 같은……"이 들어 있는데 사실 두견이는 갈대밭에서 울지 않는다. 우리나라에 오는 두견새(두견이과)는 뻐꾸기, 벙어리뻐꾸기, 두견이 세 종으로, 이놈들 모두가 4월에서

9월경까지만 살다가 강남으로 가는 여름 철새다. 두견이는 뻐꾸기처럼 다른 새의 둥지에 알을 낳아 위탁하여 새끼를 치는 놈으로, 갈대밭에서 살지 않고 낮은 산지 숲에서 산다. 가끔 이 노래를 부를 때 이런 것쯤은 생각하는 게 좋지 않을까 싶다.

또 갈대는 씨가 떨어져 갈대밭을 이루게 되면 쑥대밭처럼 다른 식물이 근처에 얼씬도 못하게 하는 강인함을 가지고 있다. 흔들리는 갈대도 뿌리는 흔들리지 않는 것이다.

게으른 어미 새의 새끼 기르기

두견이와 뻐꾸기 이야기 끝에 조선일보 '李圭泰코너'에 나온 「어미 새 사랑」이 필자의 마음과 하도 똑같아서 그 일부를 인용해 본다.

……이를테면 꿩이나 공작같이 수컷이 예쁜 새들은 암놈 꾀는 데만 혈 안이요, 새끼를 위해서는 아무것도 하지 않는 나쁜 아빠이기 마련이고, 반대로 도요새와 같이 암컷이 예쁜 새는 암컷이 방탕하여 수컷이 알을 품고 먹여 길러야 하는 나쁜 어미이기 마련이라 한다.

빙판에서 사는 펭귄은 어미 새가 알을 낳을 때 아빠 새의 두 발 위에다 낳는다. 펭귄의 발에는 털이 나 있어서 얼음의 추위로부터 보호할 수 있기 때문이다. 이렇게 일단 알을 받으면 아빠 새는 부화하는 60일 동안 꼼짝도 않고 서 있어야만 한다. 물론 먹이를 구하러 갈 수도 없다.

그 동안 어미 펭귄은 유한마담처럼 유유히 그 앞바다를 헤엄치며 부화할 새끼에게 먹일 유아식을 뱃속에 저장한다. 새끼가 알에서 깨어나면 어미 새는 그 동안 뱃속에 저장해 둔 먹이를 반추(反芻)하여 새끼에게 먹이 면서도, 굶주림으로 아사 직전인 아빠는 거들떠보지도 않는다. 아빠 펭귄은 비틀거리며 바닷가로 다가가지만 한두 번 넘어지길 거듭하다 일어날 기운이 없어 조용히 죽어간다(필자 주석: 그런 놈도 있겠으나 다 그렇지는 않다). 아빠 펭귄은 부성애의 표본이다.

뉴기니의 극락조는 수컷의 등 위에 알을 낳는데, 이 수컷은 알이 부화 할 때까지 이슬만 마시며 업고 날아다닌다. 부화와 동시에 새끼를 날려 보내고 아빠 새는 기진맥진하여 추락해 죽는다고 한다. 어쩌면 요즈음 아버지들처럼 돈만 벌어 오고 권위는 사라진 부친 부재 현상을 펭귄이나 극락조의 아빠 새가 풍자하고 있는지 모른다.

게을러서 알을 낳고 살 저들의 둥지 하나 짓지도 않으면서, 암수가 사랑하는 것은 좋아해 남의 둥지에 알을 낳아 부화시키는 새가 있다. 뻐꾸기는 제 알과 같은 색의 알을 낳는 꾀꼬리나 붉은머리오목눈이 둥지에 몰 래알을 낳아 놓는다.

미련한 이 어미 새들은 제 알인 줄 알고 품어 부화시킨 후에 먹여 기르기까지 하니 뻐꾸기를 기소한다면 주거 불법 점유죄에 모친 사기죄가 적용될 것이다. 요즘 미혼모나 불륜이 파생시킨 영아 유기가 급증하고 있다고 하는데, 마치 뻐꾸기 세상이 돼 가는 것 같기도 하고……. 인간 사회의 진화를 무색하게 하는 어미 새의 새끼 사랑이다.

어쨌거나 세상에는 사는 방법이 가지가지라 두견이도 가끔은 갈대밭에 내려앉을 때도 있지 않겠는가. 그 갈대의 순정이 그리워서 말이다.

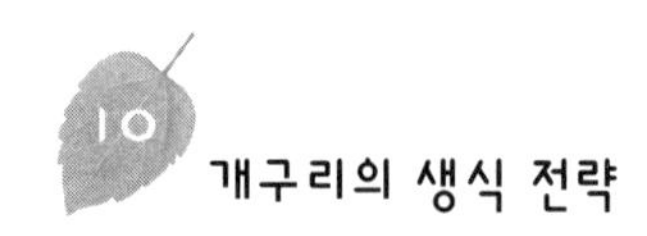

개구리의 생식 전략

개구리는 여느 동물보다 뒷다리 근육이 발달해서 멀리뛰기를 잘한다는 장기를 가지고 있다. "개구리 언덕 구르는 셈치고."가 아니라 한참 주저앉아 움츠렸다가 반동으로 힘껏 점프를 한다.

개구리는 눈의 망막에 원추 세포(색깔을 구별하는 세포)와 간상 세포(명암을 구별하는 세포)가 모두 있어서 원색(천연색)을 보며, 눈은 다른 어느 동물보다 툭 튀어나와 있어서 먼 곳도 쉽게 볼 수 있다. 레이더가 개구리 눈알의 원리를 이용했다고 하는데 개구리는 360도 어디나 다 볼 수 있다. 윗눈꺼풀은 고정되어 있어 아랫눈꺼풀의 투명한 순막(瞬膜)만 닫았다 열었다 한다. 사람은 눈을 감으면 세상이 캄캄한 데 비해 이들은 순막이 투명해서 눈을 감고도 볼 수가 있다. 두꺼비가 벌통 앞에 쭈그리고 앉아 벌 한 마리 잡아먹고 눈 한번 끔벅거릴 때마다 이 순막이 여닫히는 것을 볼 수 있다.

세상에는 실험실에서 연구를 하는 사람도 있지만 필자처럼 산, 바다 할 것 없이 채집하느라 돌아치는 사람도 많다. 특히 양서류를 전공하는 학자들이 발로 뛰어다니는 경우가 많은데, 이들이 관찰한 여러 가지 사실을 소개하면서 학문이란 학자들 스스로 좋아서 개구리처럼 미쳐 날뛰어 획득하는 산물이란 생각을 해 본다. 하나에 미쳐야 하는데 그것이 어렵다. 하지만 우리나라도 지금은 미친 사람이 많아져서 여간 미쳐가지고는 미쳤다는 소리도 듣기 어렵게 되었다. 그래도 한껏 미쳐 볼 것이다. 평생을 개구리와 산 사람들처럼 말이다.

개구리의 다양성과 특징

이미 3억 년 전에 지구에 나타난 개구리는 세계적으로 물경 24과 3,800종이 사는 것으로 기록되어 있으나 멸종되는 종도 해마다 늘어나고, 또한 매년 30~40종이 신종으로 새로 기재되고 있어 종수를 종잡기가 어려운 상황이다.

개구리는 양서류(兩棲類)로 물과 뭍 양쪽에 다 산다는 뜻인데 실은 물에서 뭍으로 진화했다는 뜻이 속에 들어 있다. 물에서 뭍으로 왔다는 것은 올챙이가 변태를 겪고 개구리로 될 때 반드시 물에서 그런 일이 일어난다는 것이다. 사람도 어머니 아기집 속 양수인 물에서 태어나지 않았는가. 모든 생명은 물에서 시작한다. 물에서 자란 새끼 개구리가 물가로 기어나와 땅으로 올라오는 모양은 바로 진화해 온 하나의 반복 단계라 보면 되겠다.

양서류는 크게 3목(目), 즉 개구리・두꺼비・맹꽁이가 포함되는 꼬리가 없는 무미류(無尾類), 도롱뇽처럼 성체가 되어도 꼬리가 있는 유미류(有尾類), 아프리카에만 사는 다리가 없는 무족영원류(Caecilian)와 같은 무족류(無足類)로 나눈다. 개구리는 극지방과 바다를 제외하고는 세계적으로 분포하는 종수가 매우 많아 생태적으로 성공한 동물에 속한다. 개구리도 다른 변온동물같이 열대 지방에 종수와 개체수가 많으며 크기도 크고 색깔도 곱다. 어떤 통계를 보면 우리나라에는 열한 종밖에 없는데, 아마존 강 어느 곳에서는 2제곱킬로미터 안에서 40종을 채집했다고 한다. 개구리뿐만 아니라 다른 생물도 열대 우림 지대에는 상상을 초월할 만큼 다양하고 풍부하다.

우리나라와 같은 온대 지방에는 겨울 월동이 어려워서 종수나 개체수가 적다. 그렇기는 해도 우리나라에서는 대부분 물에서 짝짓기를 하고 산란을 하기 때문에 알이 건조해져서 죽는다거나 하는 위험이 적은 반면, 열대 지방에 사는(대부분이 땅이나 나무에 산다) 놈들은 비가 충분히 오지 않을 때가 있고 습도도 자주 바뀌는 기후라 생존 자체가 매우 힘들다. 그런데 개구리들은 이런 어려움을 극복하기 위해서 우리가 상상하기도 힘든 비상 수단을 개발하고 창조해 왔으니 그들 삶의 전략에 혼절할 지경이다.

그럼 개구리의 일반적인 특징 몇 가지를 먼저 보자. 개구리는 체외수정을 한다. 수놈에게 짝짓기 기관이 없어서 정자를 암놈의 체내에 넣어 주지 못하고 앞다리로 암놈의 겨드랑이 밑을 꽉 보듬고 있으면 그것이 자극이 되어 산란을 하게 되는데, 그때 수놈은 그 알에 정자를 뿌려서 수정한다(시킨다). 이렇게 꽉 껴안을 때 힘을 주도록 수놈의 앞다리 엄지발가락에 검은 혹이 하나씩 붙어 있으니 그것을 생식혹이라 한다. 또한 앞뒷다리의 발가락 수가 달라서 앞다리에는 네 개가 있고 뒷다리에는 다섯 개가 있는데, 물에 사는 놈은 뒷다리 발가락 사이에 물갈퀴가 있으나 나무에 사는 청개구리 무리는 뒷다리에 물갈퀴가 없다. 물에 사는 놈은 물갈퀴가 있고, 나무살이 하는 것은 그것이 무용지물이라 없어졌다니 정말로 멋진 적응이요, 진화다. 그리고 청개구리는 나무에 달라붙어야 하기 때문에 모든 발가락 끝에 혹이 있다. 여기서 혹이란 파리가 천장에 달라붙기 위한 것과 같은 것으로 오징어나 문어의 빨판(흡반)과 비슷하다.

개구리의 다양한 발생

그러면 개구리의 발생전략을 보도록 하자. 열대 우림 지대에 사는 센트롤렌(Centrolene) 무리는 나무 위에 사는 청개구리 일종으로 피부가 투명하여 유리개구리(glass frog)라 하는데 암놈 뱃속의 알까지도 다 보인다. 이놈들은 알을 물가나 냇물 위의 잎 끝에다 대롱대롱 달아 놓아 알이 부화되어 올챙이가 되면 바로 물에 떨어지도록 지혜를 발휘하고 있다. 알 껍질(난막)도 투명하여 올챙이 발생이 훤하게 들여다보인다.

그리고 렙토닥틸러스(Leptodactylus) 무리는 세계적으로 네 과가 있으며 이것들은 거품 주머니를 만들어 알이 부화될 때까지 수분 공급을 한다. 그리고 나무 위에서 암수가 달라붙어서 산란을 함과 동시에 정자를 뿌리며, 총배설강(總排泄腔, 소변 · 대변, 난 · 정자가 나오는 곳이 한곳이란 뜻이다)에서 분비한 거품을 다리로 세게 차면 공기와 섞여 굳어지는데, 공기 대신 물을 섞는 경우도 있다. 이렇게 하면 거품 덩어리 밖은 굳어지고 안쪽에는 액체가 차게 되어 열흘 정도는 충분히

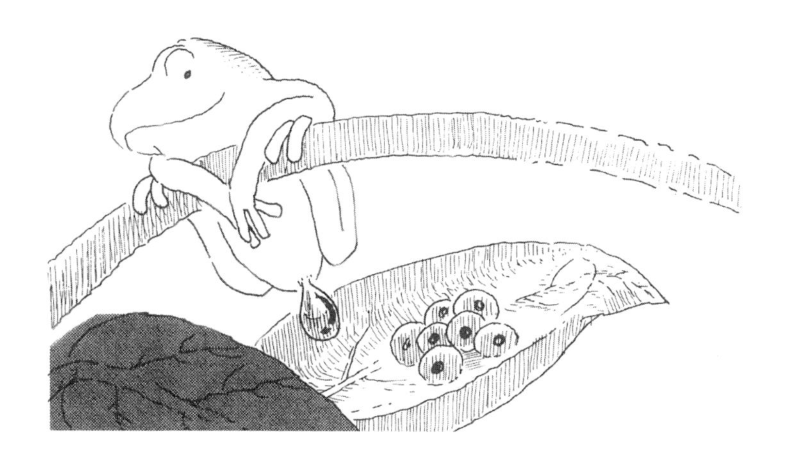

수분을 공급할 수 있다. 결국 이는 하나의 거품 보호막을 만들어서 알을 보호하고 발생을 도와주는 것으로, 물이 없는 곳(땅)에 사는 놈들도 이렇듯 어떤 수를 써서라도 번식을 시키려 한다. 이들의 발생에도 물이 문제인 것이다.

다음은 직접발생을 하는 무리들로 아홉 과 800여 종이 있으며 물 없이도 발생을 한다. 한마디로 어미가 알을 낳자마자 알에서 새끼 개구리(올챙이)로 부화하는 생식법(발생법)이다. 이것들은 곧바로 올챙이가 되다 보니 포식자한테 잡아먹히지 않아 안전하기는 하지만 개체수가 많지 못하다. 그것은 모체 내에서 긴 성숙기를 거쳐야 할 뿐더러 알에 난황(卵黃)이 많이 들어 있어야 하기 때문이다. 열대 지방 개구리의 20퍼센트 이상이 이 방법으로 번식한다고 하니 물 없이 발생하는 유효한 방법 중의 하나라고 할 수 있다. 다음은 암수가 짝을 이루고 사는 무리로 수놈이 너무 작아서 보통 때는 암놈 등에 아교 물질을 이용해 붙어 있는데, 산란기가 되어 암놈이 땅을 파고 들어가 알을 낳으면 그때서야 꼬마 수놈이 등에서 내려와 정자를 뿌려 수정시킨다. 그리고 암놈은 방광에 저장한 물로 알이 마르지 않도록 수정란을 적셔 주는데 부화될 때까지 계속한다. 어쨌거나 알이 말라 버리는 일이 있어서는 안 되는 것이니, 새 생명 탄생에 있어서 물은 이렇게 중요한 것이다. 뜨뜻한 어머니 양수 속에 머리 푹 담그고 네 다리 뻗으며 태동하고 있는 태아는 얼마나 안전하고 편안할 것인가. 땅 밑에서 엄마 오줌을 둘러쓰고 있는 저 사막의 개구리 새끼에 비하면 말이다.

또 넥토피노이드(Nectophynoides) 무리는 직접 새끼를 낳는다. 물론 이 경우도 개체수가 많지 않으며, 알의 난황이 풍부해야 한다는 조건이 있다. 병아리가 달걀의 노른자(난황)를 먹고 컸듯이 이것들도 발생 기간이 길어서 양분이 많이 있어야 한다. 그런데 새끼 상태로 태어난다고는 하지만 어미한테서 양분을 받아 가면서 큰(발생) 것이 아니라 제 알 속의 양분인 난황을 먹고 커 나왔기에 태생이라 하지 않고 난태생이라 한다.

어미의 수란관(輸卵管)에서 양분을 받으면서 크는 종도 있는데 이런 것을 태생(胎生)이라 하며, 아프리카에 두 종이 있다. 흔히 태생은 사람을 포함한 포유류의 고유한 특징으로 보는데 이렇듯 개구리에도 있다고 하니 괜히 혼란스럽다.

여기까지는 알(새끼)을 어떻게 낳느냐에 대한 사례를 몇 가지 들어 보았는데(주로 땅에 사는 놈들에서) 지금부터는 어미 개구리가 수정란(새끼)을 어떻게 보호하고 키우는지 살펴보도록 하자.

개구리의 별난 새끼 키우기

새끼를 키운다고 하면 새나 짐승(조류나 포유류)의 문제라고 보기 쉬우나 개구리에게서도 여러 가지 형태의 양육을 보게 된다. 사람이 상상하기도 어려운, 아니 동물들 중에서 가장 특이하고 희생적인 자식 키우기가 행해지고 있다. 첫 번째로 물속에서 발길질을 하면서 수정된 알이 부화될 때까지 깔고 앉아 있는 놈이 있다. 이때 다리를 살래살래 흔드는 것을 볼 수 있는데, 이는 깨끗한 새로운 물이 알에 흘러들도록 하는 것으로, 특히 발생 시에 많이 필요한 산소를 공급하자는 데 목적이 있다. 물 1리터에는 9밀리리터의 산소밖에 들어 있지 않아 1리터에 210밀리리터가 든 공기에 비해 산소가 부족할 가능성이 높기 때문이다.

두 번째로 독개구리[*Dendrobates*]라는 놈은 땅에 사는 종으로 희한한 그들의 작전에 혀가 내둘린다. 남미의 코스타리카에서 관찰된 것으로 산란 후 발생이 끝나는 부화 시기까지 10~12일은 수놈이 지키고, 그 후에는 암놈이 올챙이를 등에 업고 브롬엘리아드(bromeliad)라는 나무 아래 일시적으로 고인 물로 전부 옮겨 놓는다(거기는 먹이가 없다). 그리고 주기적으로 와서 산란 후 새로 생긴 뱃속에 들어 있는 미수정란을 먹이로 주면서 6~8주 동안 올챙이가 되는 변태 시기를 돌본다는 것이다. 이와 비슷한 한 종은 브롬엘리아드 나뭇잎을 싸서 그 안에 알을 낳는데(그래서 이파리개구리라는 뜻인 leaf frog 이라는 이름이 붙었다) 거기에는 물이 없다. 그래서 가끔 암놈은 알이 들어 있지 않은 알 주머니를 알 근방에 떨어뜨려(낳아) 주머니의 물이 알에 스며들게 한다. 신기한 것은 어떻게 어미가 미수정란이나 알 주머니를 다시 낳아 물은 물론이고 단백질과 탄수화물까지 공급하며, 어떤 자극이 그들로 하여금 그런 반응(행동)을 하게 하는 것일까 하는 점이다.

세 번째로 호주 등지에 서식하는 '엉덩이에 주머니를 차고 있는 개구리(hip-pocket frog)'라는 놈이 있다. 아사 달링토니[*Assa darlingtoni*] 라는 종인데 암놈이 캥거루처럼 주머니 안에 새끼를 넣어 키우는 개구리로, 이 종의 수놈은 유별나게 작다. 수놈의 배 옆에 붙은 보육낭(保育囊)의 알에서 나온 올챙이가 어미의 뒷다리를 고물고물 타고 올라가 어미의 보육낭 속으로 들어가서 그곳에서 큰다. 이런 비슷한 특수 주머니를 가진 놈이 안데스 산맥에도 살고 있는데, 암놈 어미의 등 뒤에 살갗 주머니가 있어서 수정 후에 수놈이 수정란을 그 주머니에 집어 넣어 주면 올챙이는 그 주머니 속에서 발생한다. 알이 부화하면서 아가미 같은 구조를 만들어 내어 가스 교환을 하고, 변태가 끝나 새끼 개구리가 되면 주머니를 찢고 떨어져 나온다. 이것들은 주머니 개구리란 뜻으로 '마르수피얼 프록(marsupial frog)'이라 하는데 여기서 마르수피얼(marsupial)은 캥거루류인 유대류(有袋類)의 알 주머니를 말한다. 우리말로는 '캥거루개구리'라 해도 될 성싶다. 비슷한 방법으로 새끼를 보호하는 경우가 또 있으니 남미의 피파 카르발오이[*Pipa carvalhoi*]라는 종이다. 이들은 암수가 산란 전 전위 행위로 물속에서 멋들어진 곡예를 한바탕 한 후에 암놈이 산란을 하면 수놈은 그 알을 받아 암놈의 등에 펴서 붙인다. 그러면 암놈 등의 살갗이 즉각 부풀어 올라와 알을 막으로 싸서 살에 박히도록 하는데, 2개월이 지나면 새끼 개구리가 되어 터져 나온다.

네 번째로 살펴볼 다윈코개구리(Darwin's frog) 는 남미 칠레에 사는 놈으로, 수놈이 막 알에서 나온 새끼들을 모두 입에 집어넣고 꿀꺽 삼켜 버리는데 그 새끼들은 아비의 턱 아래 울음 주머니에 들어가 몇 주간 커서(변태해서) 나온다고 한다. 별나고 괴이한 부정(父情)이랄 수 있는데, 새끼를 키우는 동안에 이 아비 수놈은 구애의 울음을 울지 못한다. 자식 키우는 아비가 곁눈 팔 사이가 어디 있단 말인가.

다섯 번째로 보다 더 고약한 개구리의 자식 키우기를 하나 더 보자. 호주산 위주머니보란개구리[*Rheobatrachus silus*]라는 학명을 가진 놈이 있는데, 다윈코개구리와는 다르게 이놈들은 모성애가 별나 암놈이 눈앞의 수정란을 모두 마셔 저 아래 위 속에 넣어서 새끼를 키운다고 한다. 생물 전체를 훑어 봐도 가장 기상천외한 새끼 키우기라 하겠다. 밥통이 아기보가 되었으니 말이다. 소화관이 생식 주머니로 그것도 6주나 계속되니 어미가 굶는 것은 물론이고, 더 놀라운 점은 그 동안에는 위액이나 염산 분비가 정지되어 새끼가 소화되지 않는다는 것이다. 이것은 처음에는 알이, 나중에는 새끼들이 프로스타글라딘(prostagladin) E_2라는 물질을 분비하기 때문이라는 것을 알아냈다. 이 물질이 어미의 위액 분비를 차단시키는 역할을 한다는 것이다. 보통 직경 5밀리미터인 21~26개의 알이 위에서 자라는데 앞의 난태생 설명에서도 말했듯이 이것들도 난황이 풍부한 알이다. 6주 후에 새끼들이 나올 때가 되면 짐승의 자궁에서 새끼가 나오듯이 어미 개구리의 식도가 확대되면서 앙증맞은 새끼들이 한 마리씩 나온다. 그놈들이 그 속에서 숨은 어떻게 쉬었는지 모르겠다. 아마 살이 내리고 뼈를 깎는 고통이 따르더라도 산소 공급을 위해 어미가 가끔 입을 쫙쫙 벌려서 식도를 벌려 열어 줬을 것이다. 새끼들이 나간 후 며칠이 지나서야 어미 위는 제 기능을 되찾아 먹이 사냥을 나선다니 사람이나 개구리나 산고는 어렵고 힘든 일이다. 그런데 보다 앞서 수백만 년을 살아온 개구리들이 인간들이 만든 재앙으로 점점 없어지고 있다니 애석하기 짝이 없는 일이다. 그리고 '위주머니보란개구리'의 올챙이가 분비했다는 프로스타글라딘 E_2가 위액 분비를 차단하는 물질이라고 하는데 위궤양 치료제로 개발했으면 얼마나 좋았을까 하는 아쉬움도 남는다.

생태계의 혼란을 가져오는 유입종

여기에 덧붙여 아프리카발톱개구리(African clawed frog)를 소개해 둔다. 우리나라의 많은 실험실에서도 본종을 키워 연구를 하고 있어서 역사와 특징 등을 알아두는 게 좋다고 본다. 학명은 *Xenopus laevis*로 아프리카가 원산지이며, 미국에서 1940년대 임신 여부를 알아내는 물질 개발용으로 많이 수입했으나 1960년대 다른 약이 개발되자 도

랑에 함부로 갖다 버려 미국의 생태계에 혼란을 가중시킨 종이라 한다. 우리나라에도 황소개구리 등이 말썽을 피우는 것처럼 미국에서도 이놈들을 처음에는 좋은 취지로 들여왔으나 미국 토종 개구리를 다 몰아냈다고 하니, 언제나 어디서나 생물의 유입 · 유출에 신경을 써야 한다는 교훈을 주고 있다. 유입종들은 어느 나라에서나 생태계의 혼란을 가져온다. 이 아프리카발톱개구리는 물에서만 살기 때문에 뒷다리에 물갈퀴가 있으며 다른 개구리가 가지지 않은 예리한 발톱을 뒷다리 발가락 끝에 가지고 있고(기어 다니기 편하다. 그리고 앞다리에는 발톱이 없다), 또 물속 생활을 하기 때문에 혀가 퇴화되어 없다. 앞에서도 강조했지만, 세계적으로 물이나 땅보다 나무 위에 사는 청개구리 무리가 훨씬 더 많아서 뒷다리 발가락 사이에 물갈퀴가 없는 개구리가 더 많다. 땅 위 나무에 사니 헤엄칠 때나 사용하는 물갈퀴가 있을 필요가 없을 것이고, 그렇다보니 또 그렇게 적응한 것이다. 한마디로 생물을 관찰할 때는 그들이 살고 있는 환경을 먼저 봐 두는 것이 그들을 이해하는 빠른 길이 된다. 우리나라 교과서나 실험서에는 모두 땅개구리(참개구리)가 개구리 대표로 나와 있어 하는 말이다. 생물들이 살아남기 위해서 얼마나 처절하고 힘찬 고통을 참고 견디는지 '개구리'라는 세계를 통해서 어렴풋이나마 보았다. 쉽게 세상을 사는 생물은 하나도 없다.

11 금실 좋은 들쥐

쥐는 부지런해서 겨울에도 먹이 나르기와 새끼치기를 게을리 하지 않는다. 그래서 쥐는 포유류(짐승) 중에서 제일 성공한 놈이다. 여기서 성공했다는 말은 숫자가 많다는 말인데, 동물별 단위 면적당 서식 수를 헤아려 보아도 쥐가 제일 많다. 그렇게 보면 사람보다 더 많은 쥐가 이 지구에 살고 있다는 셈이다.

흔히 쥐 하면 집 주위에서 사는 집쥐와 들쥐, 생쥐, 시궁쥐 등을 말하는데 다람쥐나 날다람쥐, 청설모도 쥐의 사촌뻘이다. 포유류(강)의 설치목(齧齒目, 쥐목)을 다람쥐과와 쥐과로 나누는데, 우리나라에는 다람쥐과 네 종과 쥐과 열두 종 모두 합해서 열여섯 종이 살고 있다.

쥐는 위아래 앞니 한 쌍씩을 가지고 있으며 그 이가 계속 자라나 딱딱한 나무나 전선까지도 갉아대느라 밤새 천장에서 따글따글 시끄럽게 군다. 쥐가 성공한 원인 중의 하나가 잡식성이라는 것인데 곡식, 메뚜기는 물론이고 배고프면 제놈들끼리도 서로 잡아먹는다. 그리고 쥐는 야행성이라 어둑해지기 시작하면 먹이 사냥을 나간다.

쥐 하면 색으로는 검거나 검은 회색을 상상하는데 별나게 하얀 놈도 있다. 흰 쥐가 된 것은 검은 색소인 멜라닌을 만드는 유전 인자가 돌연변이로 없어졌기 때문으로, 흰제비 · 흰까치 · 백사(白蛇)가 생기는 것이나 같은 원리이다. 이들은 귀한 것이라 값이 나간다.

쥐는 종에 따라 다르지만 보통 한배에 6~7마리를 낳고 그 새끼들이 6주 후면 젖을 뗀다. 그리고 한 달이 지나면 성적으로 성숙한다니 말 그대로 기하급수적으로 증가한다고 할 수 있다. 새끼를 많이 낳기로는 이놈들을 당할 동물이 없다. 그리고 '고슴도치도 제 새끼 털은 함함하다고 한다'라는 말이 있듯이, 쥐도 새끼 치성을 잘도 해서 꼬리 긴 것까지 어미를 닮는다. '쥐꼬리만 한 월급'이란 말이 있는데 들쥐는 꼬리가 몸길이보다 짧지만, 집쥐들은 몸통보다 훨씬 길다는 사실을 생각하면 타당한 말은 아니다.

그리고 사전을 찾아보면 동식물 이름에 '쥐' 자가 많이 붙는데 예를 들면 쥐똥나무, 쥐오줌풀, 쥐눈이콩, 쥐며느리, 쥐치, 박쥐 등이 있다. 그 중에서 쥐눈이콩은 쥐 눈처럼 작고 반짝반짝 윤이 난다 하여 붙여진 이름으로, 실제로 쥐의 눈은 작아도 아주 빛나고 맑다.

'쥐' 하면 신체 어느 한 부분에 경련이 일어나 부분적으로 근육이 수축되어 기능을 일시적으로 잃는 현상을 말하는데, 무척 참기 어렵다. 이 아픔과 곳간의 쥐가 같은 말이 된 것은 무슨 이유일까. 우리 아버지는 어머니가 다리에 쥐 내린다 하시면 "집에 고양이를 키우지." 하며 농을 하곤 하셨다.

"고양이 앞에 쥐."란 말이 있다. 쥐도 궁지에 몰리면 고양이를 문다고 하지만 그저 그리해 볼 뿐이다. 그런데 집에 천적 고양이를 키우면 쥐들이 '쥐죽은 듯' 조용하지만 실제로 쥐는 살금살금 오가면서 고양이집 가의 고양이 똥도 먹는다고 한다. 쥐와 고양이는 같이 살아가는 것이다. 그래서 고양이를 키운다고 쥐가 없어질 것이라 생각하면 큰 오산이다.

시골집 천장에 이놈들이 떼지어 우르르 몰려다니며 내는 요동과 소리를 잘 분석해 보면, 그놈들이 마침 발정기라 암놈 한 마리를 여러 마리 수놈들이 서로 차지하겠다고 다투는 중임을 알 수 있다.

우리나라 집쥐는 암수가 한평생 같이 사는 일부일처(一夫一妻)가 아닌데 미국의 들쥐 마이크로투스 오크로개스터[*Microtus ochrogaster*]라는 놈은 일부일처제이다. 사실 일부일처제는 조류에 많고(특히 오리 무리가 그렇다) 쥐 같은 포유류는 3퍼센트만이 짝을 지어 가족생활을 한다. 금실 좋기로 이름난 원앙새도 어미 아비의 피와 새끼들의 피를 뽑아 DNA 지문 검사를 해 봤더니 40퍼센트는 지아비의 유전자가 아니었다고 한다. 결국 곁서방질을 해서 낳았다는 것인데, 이 미국 들쥐도 비슷해서 일부일처로 살면서도 많은 새끼들이 딴놈 자식들이었다고 한다.

이 들쥐의 부부생활을 통해서 사람의 일부일처제의 의미를(꼭 일치하지는 않지만) 더듬어 보자. 무엇보다 들쥐의 짝짓기 시간은 다른 일부다처제나 일처다부제인 집쥐(3~4시간)보다 훨씬 길다(30~40시간). 이것은 사람들이 생산과 관계없는 성생활을 하는 것과 연관지어 생각해 볼 수 있다. 긴 시간 짝짓기를 하므로 일부일처의 사회적 결합을 형성한다고 보는 것이다. 성적 행동은 사회적 행동, 즉 부부의 결합력을 향상시킨다는 것이다.

그리고 암놈이 발정(發情)을 하는 데는 수놈의 냄새(페로몬)가 꼭 필요하다. 페로몬이 암놈의 호르몬 대사에 영향을 미치기 때문인데 수놈은 암놈에게 집적거림으로써 정자를 줄 준비가 되었다는 것을 알린다. 마찬가지로 암놈도 난자가 성숙하면 역시 냄새를 내어 수놈을 유인한다. 뇌하수체에서 젖분비자극 호르몬이 분비되어 그것이 난소를 자극하면 난소에서 에스트로겐과 프로게스테론(progesterone) 호르몬 양이 증가하면서 성적 흥분을 하게 되고, 성교 후 배란 · 수정을 통해 아기를 가지게 된다.

이런 실험도 있다. 수놈들을 묶어놓고 암놈으로 하여금 짝을 고르도록 했더니 자주 만난 놈이나 처음 만난 놈이나 차이가 없었으나 이미 같이 살아온 놈과는 곧 친하게 되었다. 짝을 정해서 짝짓기를 한 후에는 훨씬 빠른 사회성(관계)을 나타내더라는 것이다. 그래서 사람 살이에서도 육정(肉情)을 경시할 수가 없는 것이다. 부부의 의미를 여러모로 생각해 보게 한다.

또 들쥐 어미가 자식에게 젖을 먹여 키우는 데 중요한 것이 옥시토신(oxytocin)이란 호르몬이다. 그리고 항이뇨 호르몬인 바소프레신도 웅성 호르몬처럼 영역을 지키고 자식을 돌보는 데 중요하다는 것이 새로 밝혀졌다. 옥시토신 호르몬은 뇌하수체 후엽에서 분비되는 것으로 보통 출산 시 자궁근을 수축시켜 태아를 밀어내는 일을 한다. 바소프레신 역시 뇌하수체 후엽에서 만들어지는 것으로, 콩팥의 세뇨관(細尿管)에서 물을 재흡수하여 소변 양을 줄이는 호르몬으로만 알려져 왔으나 그 외에 들쥐의 행동에도 중요한 영향을 미친다는 것이 새로 알려졌다.

옥시토신은 '어머니 사랑(mother love)'이라는 별명이 붙을 정도로 어미와 새끼 사이의 결합을 튼튼하게 해 주고 암수 사이의 성적 결합도 돈독하게 한다. 원숭이 암놈에게 이 호르몬을 투여해 봤더니 수놈과 덜 싸우는 것은 물론이고 빨리 가까워지더라는 것인데, 부부 금실이 별로인 사람들도 이 호르몬 주사를 한 대 맞아보면 어떨까 싶다. 옥시토신은 짝짓기를 할 때나 출산, 수유(젖먹이기) 때 많이 분비되고 성적 애무 시에도 분비가 촉진된다고 한다.

그리고 바소프레신은 옥시토신과 같이 영역을 지키는, '텃세를 부리는 행위'를 유발하고 침입자를 공격하여 몰아내는 것은 물론이고, 암수가 서로 친하게 지내도록 하고 열심히 자식을 키우게 한다고 한다. 원래는 이런 행위를 하게 하는 것이 테스토스테론 같은 웅성 호르몬이라고 생각해 왔는데 그것보다 도리어 항이뇨 호르몬인 바소프레신이 더 강하게 작용한다는 것이다.

그리고 들쥐 실험 결과 수놈이 어릴 때 스트레스를 많이 받으면 스트레스 호르몬인 부신(副腎, 결콩팥) 호르몬이 많이 분비되어 커서도 암놈인 듯한 행동을 하며, 성기의 크기도 보통 놈의 것보다 작다고 한다. 아울러 웅성 호르몬의 양이 줄어들어 암놈 대신 새끼를 키우더라 하는 것은, 눈으로 본 적도 없는 이 요상한 호르몬이 동물의 행동을 크게 좌우한다는 것을 말한다.

마지막으로 들쥐도 일부일처인 놈과 일부다처(일처다부)인 놈이 있는데, 이들 뇌의 구조가 각각 다르다고 한다. 특히 성과 같은 본능적인 일을 맡는 대뇌 피질의 하부에 있는 변연계(limbic system)가 다르다고 하니, 사람도 바람기가 있는 사람들의 뇌는 처음부터 보통 사람과 판연(判然)히 다르다 하겠다.

12 노래하는 나비 유충

여기서는 브라질과 멕시코 사이에서 살고 있는 나비의 유충 똥구멍(사실은 뒤쪽의 돌기다)의 즙을 빨아먹는 개미에 관한 이야기를 하고자 한다. 개미는 유충이 소리내어 오라면 오고, 유충이 머리에서 훅 화학 물질을 분비하면 모두 머리를 쳐들고, 날아드는 말벌을 쫓는다.

개미가 진딧물의 항문을 간질여서 액체가 분비되면 그것을 받아먹고 그 대신에 진딧물을 천적으로부터 보호해 주며 공생한다는 것은 잘 알려진 사실이다. 여기에 덧붙여 나비의 유충도 묶어서 생각해 나가길 바란다. 진딧물과 공생 관계에 있는 개미가 또한 나비 유충 체액도 받아먹기에 하는 말이다. 나비 유충에게 메뚜기 같은 먹새 좋은 곤충들이 함부로 달려들지 못하는 것을 보면 이들도 개미와 공생 관계라는 것이다. 혼란스럽지 않게, 한 나뭇잎에 나비 유충, 진딧물, 개미가 같이 산다는 것을 생각하면서 읽어주기 바란다.

개미가 먹이를 마련하는 방법은 다양하다. 벌레를 잡아먹고 사는 놈부터 여기저기 죽어 있는 동물의 시체나 버려진 쓰레기를 먹는 놈, 씨앗으로 농사를 짓는 놈, 곰팡이를 키워 먹는 놈, 여기 이야기의 주인공들처럼 식물이나 다른 곤충류에서 즙을 빨아 먹고 사는 놈 등이 있다. 우리 상식으로 나비 유충은 개미가 달려들어 잡아먹는 밥이 아니었던가.

논두렁이나 밭 가의 개미집을 건드려 본 사람들은 그들이 얼마나 날렵하고 사나운지 알 것이다. 그런 유의 개미는 얌전하게 식물의 잎이나 잎자루 밑에서 분비되는 꿀을 빨아먹고(열대 식물들은 잎자루 밑에서 꿀을 내는 경우가 많고 우리가 키우는 양란은 꽃대 아래에 꿀이 있다. 이렇게 향기가 없는 꽃은 꿀을 뿜어서 곤충을 모은다. 그리고 세상은 묘해서 잎 좋고 꽃 좋은 난(蘭)은 없다고 한다) 또 나비 유충과 진딧물에서 고급스런 먹이를 얻는다. 지구상에 존재하는 개미 중에서 10퍼센트가 채 못 되는 종들이 이렇게 살아간다고(공생하면서) 한다.

그리고 개미와 공생하는 나비는 세계적으로 2과(科)뿐으로, 부전나비과(Lycaenidae)와 미국 남부에만 사는 부전네발나비과(Riodinidae) 13,500종의 나비 중에서 약 40퍼센트의 유충이 개미를 보디가드로 두고 있고 색과 모양도 다양하다. 그런데 이들 나비의 유충이 세 가지 특수 기관을 가지고 있는 것이 흥미를 끈다. 첫째, 뒤쪽 꼬리 근방에 툭 튀어나온 두 개의 돌기로, 그것을 개미가 슬쩍 건드리면 그 꼭대기에서 체액이 나오고 그것을 개미가 빨아먹는다. 액체 분비 후에는 몸 안으로 돌기를 집어 넣는데 그러면 개미는 계속 그것을 문질러댄다. 이것이 꿀샘인데, 개미는 이들이 살고 있는 크로톤(Croton) 나뭇잎에서 나오는 꿀보다 유충의 것을 더 좋아한다. 식물의 꿀은 33퍼센트 정도가 설탕인데, 유충의 체액에는 꿀 외에도 아미노산이 들어 있어 더 좋아한다고 한다. 둘째, 머리 쪽에 한 쌍의 촉수 기관이 있다. 여기서는 개미들이 위험에 처했을 때 분비하는 페로몬과 똑같은 물질이 분비된다. 천적인 말벌이 날아오는 것을 유충이 지각하고 이 촉수 기관에서 페로몬을 분비하면 개미들이 위험을 알아차려(유충이 분비했지만 자기들이 쓰는 것과 같아서) 머리를 치켜들고 흔들어서 말벌을 쫓는다. 정말로 멋있는 공생이 아닌가. 개미들이 만들어 서로 뿌려대는 화학 성분과 똑같은 것을 나비의 유충이 만든다니, 생물에서 나타나는 의태의 또 다른 한 면이다.

셋째, 머리 부분 제1몸 마디(체절)에 아주 작고 움직이는 막대 모양같이 생긴 것이 붙어 있는데, 유충들은 이것을 가지고 개미만 알아듣는 소리를 낸다. 긴 뿔을 가진 갑충들이, 잡히면 목을 넣었다 뺐다 하면서 그것을 이용해 찌익찌익 소리를 내듯이 말이다. 그 소리는 개미가 먹이를 발견했을 때 동료에게 서로 알리는 진동 소리와 같다고 하니(주파수와 펄스도 같다고 한다) 개미의 비밀을 유충이 멋지게 훔친 의태라 하겠다. 무슨 말인고 하니 유충이 목을 넣었다 뺐다 하면 소리가 나는데, 그 소리를 듣고 개미들은 먹이가 있는 줄 알고 몰려와서 체액(배설물)을 먹고 말벌로부터 유충의 안전을 보장해 준다. 유충의 페로몬이라는 화학 물질과 소리가 개미의 그것과 같다는 것은 이들이 서로 평행하게 진화해 왔다는 것을 의미한다. 다시 말해서, 나비의 유충이 향기(냄새)를 풍기고 매력적인 노래를 불러 개미로 하여금 텃세나 먹이 모으기의 본능을 유발시킨다는 것으로, 그냥 애벌레라 부르기가 민망하다.

대표적인 연구의 대상이 된 나비는 디스비 아이레내[*Thisbe irenea*]라는 종이었는데, 크로톤이라는 나뭇잎에 나비가 산란하면 부화하여 나뭇잎을 갉아먹으며 커간다. 식물의 입장에서 보면 나비 유충이 잎을 갉아먹기 때문에 손해를 보는 것 같지만, 잎이나 잎자루에서 나온 꿀은 개미와 진딧물이 먹고 있을 뿐더러 유충이 불러서 온 개미까지 나무에 와서 설쳐대니 메뚜기, 풀무치 떼가 감히 달려들 수가 없고, 그래서 이들에게 왕창 뜯어 먹히는 것을 피할 수 있어 좋다. 따라서 몇 마리의 나비 유충이 먹는 것은 별 문제가 되지 않는다.

개미 입장에서 보면 나무에서 나오는 꿀과 유충이 분비하는 단물만 먹고도 살아가는 데는 아무런 문제가 없다. 급하면 소량이지만 진딧물에서도 얻어먹을 수 있다. 이때 진딧물도 꿀을 주는 대신 개미의 보호를 받는다. 즉, 진딧물이 있는 나뭇잎에 개미가 몰려오는 요인도 간과할 일이 아니다. 그것이 진딧물이 진 빨아먹은 나무에 대한 보상(報償)이다.

나비 유충의 입장에서 한 번 더 보면 나무에 다른 곤충들이 없어도 먹을 것(잎이)이 얼마든지 있고, 개미 소리를 흉내내어 부르기만 하면 개미가 오니 말벌에게 안 먹혀서 좋다. 또 말벌이 오면 경고 페로몬을 분비해서 개미를 유혹해 말벌을 쫓게 한다. 이렇게 식물, 진딧물, 나비 유충, 개미가 어울려서 공생 관계를 맺고 살아가지만, 잘 들여다보면 이들이 상대방에게서 서로 이득을 얻기는 해도 생존을 전적으로 의존하는 것은 아니라는 것을 알 수 있다.

대부분의 나비나 나방의 유충들은 몸에 강모나 긴 털을 가지고 있어 개미의 접근을 막지만, 힘 약한 유충은 사정없이 개미의 밥이 되고 만다. 그런 한편에 서로 돕고 사는 놈들도 있다니 믿어지지 않지만 사실은 사실이다.

13 사막에서 개구리는 어떻게 살아갈까

우리는 생물의 여러 가지 특징을 이야기할 때 가장 먼저 그들의 다양성을 든다. 환경 적응에 따라 모양, 크기, 색깔 등의 생리적인 면뿐만 아니라 행동 면에서도 같은 생물은 하나도 없는데, 그 예로 엄청난 적응력(값)을 갖는 사막의 개구리와 두꺼비를 들어 보자. 개구리는 살갗이 항상 축축하게 젖어 있어 가스교환이 잘되는 피부 호흡을 많이 하는 동물로서 메마른 사막에서는 살기가 매우 어렵고, 또 더위에 약해 섭씨 35도만 넘으면 죽어 버린다(파충류, 조류들은 섭씨 40도가 되어도 끄떡없다). 허파가 있기는 하지만 그 기능은 피부 호흡의 보조 역할을 하는 정도다. 그래서 물이 적은 사막에서 사는 개구리나 두꺼비들은 남다른 생리적 특성을 갖게 되었다.

이들은 3억 년 전에 물(민물)에 살다가 땅으로 올라온 것들로, 새끼를 물에서 키우는 특징(흔적)이 아직도 남아 있다. 알에서 깨어난 올챙이는 물고기처럼 아가미와 꼬리를 갖고 있으며, 배에 긴 창자(코일처럼 여러 겹으로 감겨 있다)를 가지고 있다가 네 다리, 허파가 새로 생겨 땅으로 올라오는 복잡한 변태(變態)를 하는 특이한 발생을 한다.

개구리와 두꺼비는 사촌 관계

양서류에서 개구리와 두꺼비는 유연 관계(類緣關係)가 가깝다. 또한 탈바꿈하고 나면 모두 꼬리가 없어지기 때문에 무미류에 넣는다.

그런데 학식이나 재능이 짧을 때를 비유해 "두꺼비 꽁지만 하다."고 한다. 사실 꼬리는 몸 속으로 흡수되어 없어지고 꼬리뼈 부분이 조금 튀어나와 있는데, 그것을 옛날 사람들은 '꽁지'로 봤던 모양이다. 그리고 몸에 난 우둘투둘한 혹 때문에 징그럽고 혐오스러운 동물로 본 것 같다. 두꺼비는 행동이 느린 동물이지만 먹이를 잡아먹을 때는 번개처럼 빠르다. 또한 눈 뒤의 독샘인 이선(耳腺)에서 분비되는 물질은 독성이 강한데, 작은 항아리에 넣어 놓고 약을 올리면 더 많은 독을 분비한다. 그래서 그것을 모아 한약으로도 쓴다고 한다.

그런데 개구리는 두꺼비처럼 살갗이 두껍지 못하다. 땅 위에 사는 동물들은 살갗의 수분 증발을 막기 위해 몇 겹의 죽은 각질 세포가 층으로 이루어져 있어서 두꺼운데, 유독 개구리만은 한 층의 각질 세포층이라 살갗이 얇기 그지없다.

모든 것에 장단점이 있듯이 이것도 마찬가지다. 개구리의 살갗이 단층의 세포층이라는 것은, 가스교환이 잘되어 피부 호흡에 좋고 피부를 통해서 수분을 흡수할 수 있다는 장점이 있다. 특히 허파가 없는 도롱뇽의 경우는 피부 호흡에만 의존하기 때문에 살갗이 얇다는 것은 생존에 절대적이다. 반면에 살갗을 통해서 수분이 많이 증발하기 때문에 바람 불고 건조한 날에는 치명적일 수가 있다. 하지만 사막에 사는 개구리는 피부가 얇아서 식물의 잎에 묻은 물이나 바위, 흙 속의 물도 재빠르게 피부로 흡수할 수가 있다.

그리고 파충류와 조류는 단백질의 분해 산물인 질소 화합물을 물에 녹지 않는 요산이라는 고체 덩어리로 만들어 똥으로 배설하므로 물의 소비가 매우 적으나, 양서류는 사람과 마찬가지로 요소를 만들어 소변으로 배설하기 때문에 다량의 물이 배설된다. 논두렁의 참개구리가 발등을 흠뻑 적셔놓고 내빼지 않던가.

사실 쥐는 피보다 오줌이 20배 진하고 캥거루는 14배 진하다. 그런데 이에 미치지는 못하지만 이들 양서류도 피보다는 약간 진한 오줌을 배설한다. 그렇다고는 해도 물을 더 많이 배설하는 것이 사실이다. 토끼나 쥐의 오줌 냄새가 그렇게 독한 이유는 바로 고농도의 요소가 든 오줌을 누기 때문이다.

건조한 사막과의 싸움

그러면 이렇게 약한 살갗에 형편없는 콩팥을 가지고 있으며 고온에 약한 개구리가 건조한 사막에서 어떻게 살아갈까. 물론 사막이지만 벌레를 먹고살아야 하니 벌레가 뜯어 먹을 풀이 있어야 할 것이고 또한 그 풀이 자랄 물이 조금은 있는 곳이라야 할 것이다. 사막의 개구리는 물이 없으면 요소 생성을 중지시켜 그것을 몸에 쌓아 두고 탈수 상태가 되면 주변의 물이 피부에 빨리 흡수되도록 한다. 그리고 방광의 물 투과성을 바꿔 물이 재흡수되게 하는 등 체내 생리에 여러 가지 변화를 일으킨다. 그러다가 오아시스 같은 물을 만나면 살갗으로 재빨리 흡수하여 체중의 25퍼센트 이상까지 증가시켜 두었다가 그 물을 재활용하는 놈이 있는가 하면, 아주 더운 여름에는 1미터 이하의 흙속으로 파고 들어가 떼를 지어 여름잠을 자기도 한다. 더운 여름 낮에는 숨고 서늘한 밤에는 이동하며 먹이 찾기를 하는데, 이 지독한 사막의 개구리는 물이 체액의 40퍼센트까지 줄어도 살아남는다. 그리고 아주 심한 한발이 계속될 때는 흙속에서 배곯고 2년간을 버티는 놈도 있다고 한다.

여기 재미있는 관찰 하나를 소개하면, 개구리는 여름철에 비가 많이 오면 땅 위로 기어 나오는데, 여러 가지 실험 결과 흙으로 스며든 물 때문이 아니라 비 오는 소리에 잠을 깨더라는 것이다. 마른 날 땅 위에 플라스틱을 덮어 놓고 물을 부어서 비 오는 소리를 냈더니 슬슬 기어 나왔다.

여름에 잠깐 나와 하루 만에 짝짓기와 산란을 다 끝내고 체중의 두 배나 되는 양으로 흰개미를 잡아먹고는 다시 땅속으로 들어갔다가, 1년 후 또 기어 나온다고 하니 말 그대로 번갯불에 콩 구워먹는 식이다. 땅속은 서늘하고(겨울은 따뜻하고) 물기가 많아서 피부로 물을 먹으며 생명을 부지하고 산다.

그리고 두꺼비 중에는 땅속에 기어 들어가 몸에 고치 같은 막을 둘러쳐 수분 손실을 막는 놈도 있다. 이 녀석은 온몸에서 점액을 분비

하는데 그것이 죽은 피부 세포와 같이 굳어져서 막을 형성하면 그 피막(被膜)을 둘러쓰고 웅크린 채 꼼짝 않고 있으면서 칼로리 소비를 줄인다. 그러다가 비가 오면 본능적으로 알아차려 허물을 벗어 던지고 나와 곧 제 몸을 싸고 있던 막을 먹어 치운다고 한다. 집에서 기르는 소를 봐도 알 수 있다. 송아지는 아기집에 싸인 채 태어나 네 다리로 힘 주어 태를 뚫고 나온 후 양수가 묻은 채로 비틀거리며 소마구에서 마당으로 튀어나오고, 어미는 으응 새끼를 부르면서 바닥의 태를 서둘러 주워 먹는다. 아마도 영양이라는 점에서보다는 천적들에게 냄새가 전해지는 것을 예방하자는 게 아닌가 싶다.

그런데 이것보다 더 기막힌 개구리가 있으니 살갗이 파충류처럼 두껍고 거칠면서 배설물로 요산을 만드는 놈이다. 파충류를 닮은 양서류인 셈이다. 또 다른 놈은 앞다리로 온몸을 문질러 살갗에서 밀랍(wax) 성분을 분비하여 물이 증발하는 것을 막는다. 그리고 살갗으로 물을 흡수하지 못하기 때문에 몸에 떨어진 물방울을, 몸을 꼬물거려 입가로 모아 마신다고 한다. 즉, 개구리가 물을 마시는 것이다.

이런 개구리뿐만 아니라 곤충의 외피나 식물의 잎에도 반짝반짝 광이 나는 밀랍 성분이 있어서 수분의 증발을 막아 준다. 예를 들어서 사과 껍질에 왁스 성분이 없다면(닦으면 닦을수록 왁스 광이 난다) 다음 해 봄에는 사과를 먹지 못할 것이다. 다 말라 비틀어져 버릴 테니까 말이다.

그리고 회갈색의 보호색(保護色)을 가진 개구리는 빛이 세게 비치면 빛을 반사시키기 위해서 흰색으로 변하는 묘기를 부리기도 한다.

1년의 대부분을 땅 밑에서 보내는 개구리, 방광을 물통 대용으로 하여 물을 채워 사는 지혜로운 개구리, 모래흙 속에서 보자기를 둘러

쓰고 건조해지는 것을 막는 개구리…….

인간들은 이런 개구리를 구워 먹느라 겨울 얼음판 밑의 개울 돌을 낱낱이 뒤집어 엎어서 오글오글 모여 있는 물개구리(아므르산개구리)를 잡아내고 있으니, 차라리 그런 점에서 보면 여기의 사막 개구리가 도리어 행복한 놈들이 아닌가 싶다.

나락 이야기

벼를 남도(南道)에서는 나락이라 부르며 그 껍질을 벗긴 것을 입쌀, 한자로는 미(米)라 한다. 쌀 미자를 잘 분석해 보면 '八十八'로 이루어져 있는데, 이는 '八十八'이 모여서 만들어졌으니 한 톨의 쌀알을 얻는 데 여든여덟 번의 손질이 간다는 뜻이다. 88세의 나이를 미수(米壽)라고 하는 것도 이해가 간다. 한세상 태어나 우리 모두 백수(白壽)는 누리지 못해도 미수는 살다 가야 하겠는데 명(命)은 제 마음대로 못한다니 안타깝기 그지없다.

노인들만이 남아 아이 울음소리마저 그친 농촌은 못자리를 내느라 아주머니와 노인들의 손길이 바쁘다. 옛날 같으면 조붓한 논두렁 끝에 도랑 쳐서 물 대고, 소에 부리망 씌우고 멍에 얹어 쟁깃술 끝의 보습 흙 턱턱 털고 논바닥을 갈면 흙살이 척척 갈라져 나자빠졌고, 그런 땅을 써레질하여 흙을 고르고 흙 덩어리를 으깨어 반반하게 자리를 만든 후 삽으로 골을 지어 씨나락(볍씨)을 골고루 뿌려 두었다. 요즘은 그때와 아주 다르게 이앙기를 써서 모를 심고, 곳에 따라서는 숫제 자리 만듦도 없이 논에 바로 볍씨를 뿌린다니(직파) 세상 참 많이도 변했다. 이제는 못줄 넘기는 재미도 없어졌으니 미(米)자의 의미도 많이 변질되고 말았다. 그뿐인가. 물오리 지나치듯 하지만 그래도 세 벌 논을 매었고 힘내라고 들녘에는 메나리(미나리) 합창이 흘러 넘쳤다. 그리고 가는 새끼로 얽어 만든 망을 소 주둥이에 씌워 두는데, 초봄에 소가 풀맛을 보면 여물을 먹지 않기 때문이라는 것을 덧붙여 둔다.

그리고 가만히 보면 볍씨를 뿌리는 시기도 많이 당겨졌다.

'제2의 농업혁명'이라고 부를 수 있는 비닐 덕분인데, 어떻게 보면 '제1 혁명'인 품종 개량을 통한 '녹색혁명(green revolution)'에 못지않은 크나큰 변화임에 틀림없다. 볍씨를 빨리 뿌리면 햇빛을 오래 받게 되어 그만큼 소출이 늘어난다.

시도 때도 없이 채소나 과일을 먹을 수 있게 된 것도 비닐하우스 덕분으로, 끝이 안 보이게 펼쳐진 운해(雲海) 같은 '하우스'는 장관이라면 장관이다. 양지 바른 담부랑 밑에 구덩이를 깊게 파고 쇠스랑으로 두엄을 다져 넣는다. 그리고 똥물로 물기를 맞춘 후 보드라운 참흙을 깔고 거적을 덮는데, 거기서 나오는 열로 고구마 순이 돋게 했던 내 어릴 때를 생각하면 정말로 금석지감을 금할 수가 없다.

어쨌거나 흩어뿌린 볍씨가 땅내 맡아 뿌리내리고, 땅 힘〔地力〕을 흠뻑 받아 알알이 여물어 가을 바람에 황금물결을 이룬다. 입추 말복 사이에 벼가 하도 빨리 자라서 그때쯤이면 벼 크는 소리에 개가 짖는다고 한다.

벼의 학명은 *Oryza sativa*인데 속명 *Oryza*는 쌀이란 뜻이고, *sativa*는 재배한다는 의미가 들어 있다.

벼는 세계적으로 5,000품종(품종이란 같은 종이면서도 서로 조금씩 차이가 나는 것을 말하는데 변종, 생태종, 아종의 개념과 비슷하다. 그래서 세계의 쌀은 단 한 종뿐이란 말이 된다. 그리고 품종끼리도 교배가 되기에 같은 종이라 하는 것이다) 이상이 있지만 크게 쌀알이 짧고 둥글며 찰기가 있는 일본형 품종군(Japonica type)과 길고 점도가 거의 없는 인도형 품종군(Indica type)으로 나누는데, 후자는 안남미(Annam Rice)로 베트남 안남 지방의 이름을 딴 것이다. 벼는 주로 열대 · 아열대 지방에서 잘 자라고 원산지를 인도 근방으로 본다. 그리고 논벼〔水稻〕 외에도 밭벼〔陸稻〕가 있는데 후자는 수확량이 떨어져 우리나라에서는 잘 심지 않는다.

필리핀에 쌀 품종 개량을 전담하는 국제미작연구소가 있는데 이곳이 '녹색혁명'의 본산지로, '통일벼'도 그곳의 연구가 큰 힘이 되었다.

농촌진흥청 발표를 보면 단보당(300평) 711킬로그램을 수확하는 수원 405호와 그보다 더 많은 736킬로그램을 내는 수원 414호 볍씨를 1997년부터 농가에 보급하기로 했다는데, 지금까지의 평균 459킬로그램보다 무려 60퍼센트나 더 많이 증산된다고 하니 말 그대로 '슈퍼쌀'이다. 이렇게 새로운 품종 하나를 개발하는 데는 최소한 7년(옛날에는 14년)이 소요된다고 하는데 수많은 계통에서 선택법이라는 순수분리를 하거나 교잡법을 쓴다.

예를 들어 통일벼도 교잡법으로 만든 것으로, 일본 홋카이도[北海道]의 유가라종과 타이완 재래종 TN−1를 교잡하고 이것을 필리핀종 1R8과 교배하는 삼원교배(三元交配)를 했던 것이다. 각 품종의 좋은 점(수확량이 많고, 쭉정이가 적고, 병충해에 강하고, 단백질 함량이 많고 등등)을 고루 갖춘 품종 하나를 만드는 것이 그리 쉽지 않은 것임을 우리는 잘 알고 있다.

우리나라만도 2,000이 넘는 벼 품종이 있다니 오늘도 그놈들 돌보느라 말없이 연구실에서 품종 개량에 애쓰는 많은 분들께 격려를 보내는 바이다. 이쪽 포기 여섯 개의 수술 끝 꽃가루를 붓으로 묻혀 저

쪽 그루의 암술 머리에 문질러 꽃가루받이시키는 주례 선생님들께 말이다. "새끼 많이 둔 소 길마 벗을 날 없다."고, 사람 입이 자꾸 늘어만 가니 붓 놀리기도 더 바빠져야 하겠지만, 곡식 자급률이 30퍼센트도 안된다고 하니 불안한 마음이 앞선다. 곡식 많이 나는 몇 나라가 담합해서 식량을 무기 삼아 옥죄여 올 수도 있으니 제 먹을 것은 제가 지어 먹어야 한다.

완전 식품, 쌀

우리나라에 쌀이 들어온 지도 4000년이 넘었다고 하니(B.C. 2000년경으로 추정) 연년세세 우리 몸에 쌀물이 흘러들어 유전형질화됐을 만도 하다.

쌀이 거의 완전 식품이라는 것은 젖 뗀 아이들이(옛날에) 미음이나 죽만 먹고도 살 수 있었다는 데서도 알 수 있다. 구수한 밥 냄새가 바로 쌀에 들어 있는 7퍼센트나 되는 아미노산 냄새요, 밥솥에 자르르 흐르는 밥 기름이 지방인 것이다.

그러나 우리가 먹는 음식의 탄수화물 대 지방 대 단백질의 비가 60 대 20 대 20일 때가 가장 이상적이라고 하니 쌀밥만 먹고는 영양을 골고루 섭취하지 못한다는 것은 누구나 잘 아는 사실이고, 여기서 꼭 한마디 하고 싶은 것은 우리네 식단에서 지방이 차지하는 비율이 아직도 턱없이 낮다는 것이다.

콜레스테롤을 불순물이나 사람 잡아먹는 바이러스 정도로 생각하여 겁을 내고 먹지 않는데 이것은 큰 잘못이라는 말이다. 항상 포식하여 배에 기름이 넘치거나 나이를 먹어 동맥이 딱딱해지는 것에 신경을 써야 하는 경우라면 모를까, 한창 크는 아이들에게 달걀이나 돼지 비계를 먹이지 않는다니 정말로 반식자우환(半識者憂患)이란 말은 이때 쓰는 것이리라. 모름지기 음식은 골고루 먹으(이)라고 했다.

쌀 이야기로 돌아와서, 뒤주에서 슳은 쌀 한 쪽박을 떠서 절미(節米)하고 부엌으로 가져와 바가지에 싹싹 문질러 씻은 쌀뜨물은 시래깃국 끓이는 데 썼었고, 쌀 속에 섞인 뉘(겨가 벗겨지지 않은 낟알)도 껍질을 까서 밥에 보태었다. 요즘은 개새끼도 이밥을 남기니 그 꼴을 볼 때마다 배때기를 차 버리고 싶어진다. 세월은 덧없는 것이고 제행무상(諸行無常)임을 알면서도 말이다.

벼는 하나도 버릴 것이 없다. 속겨는 사료로 쓰고, 비료나 비누의 원료로도 썼으며, 왕겨는 베갯속에 넣거나 번개탄(훈탄)을 만들었다. 짚은 소를 먹이는 여물 만드는 것은 물론이고 새끼를 꼬아서 덕석 짜고 지붕 이엉과 짚둥우리를 만들었으며, 작두로 잘라내어 황토 흙에 섞어 담벼락을 쌓았고……. 그 이용의 범위는 끝이 없다. 뭐니 뭐니 해도 사랑방에서 삼아 신었던 오금 종아리에 물 튀기던 짚신짝 생각이 오늘도 머리에서 사라지지 않는다. 쌀과 지푸라기는 우리 생활문화의 핵이었다.

식물의 번식 본능

살다가 곱게 운명한다거나 잡았던 권력이나 누렸던 호강이 하루아침에 몰락할 때를 "짚불 꺼지듯 한다."라고 한다. 짚은 불땀〔火力〕이 좋지 못해 밥짓기에도 쓰지 못하나, 짚단에 불을 붙여 논두렁에 끌고 다니며 마른 풀 태우는 데에는 안성맞춤이다. 또 하늘 높이 쌓아둔 짚북데기 틈새는 숨바꼭질하기에 제격이었고.

그런데 독자들도 가을 나락을 베고 남은 밑둥치 그루터기에서 새순이 뾰족뾰족 올라와 자라는 것을 본 적이 있을 것이다. 씨알 달린 줄기를 잘라 가을걷이를 한, 바싹 말라 버린 뿌리에서 생을 낸다는 것은 무엇을 말하는 것일까. 온도만 맞다면 길길이 줄기가 자라나 또 다시 너울거리는 벼가 열릴 것이 아니겠는가.

일본에서 있었던 실험인데, 온실에 벼를 심어 놓고 꽃이 피려고 할 때마다 볏짚(꽃대) 뽑기를 계속했다고 한다. 뽑고 나면 곧바로 새 줄기가 자라나는데 다시 개화할 때면 또 뽑아 버린다. 그리고 이 일을 몇 년이나 계속했다. 만일 꽃이 피고 열매가 맺게 그대로 뒀다면 그렇게 재빠르게 반응하여 새순이 계속해서 나지 않았을 것이다. 벼뿐만 아니라 다른 식물도 마찬가지다. 그래서 꽃을 계속 보고 싶으면 열매가 맺을 때마다 그놈을 따 준다.

이렇게 어느 생물이나 후손(자손)을 남기려는 번식 본능이 강하다. 사람이 그것들을 본받아도 좋을 것이다. 나이를 먹었다고 늙은이 행세를 하게 되면 정말로 자기도 모르게 퇴물이 되어 가지만, 항상 젊게 생각하고 하루하루를 새로 시작한다는 마음으로 삶에 적극적으로 임한다면 온실의 벼 포기처럼 생기(生氣)를 얻으리라. 또 라마르크의, 기관을 쓰면 발달하고 쓰지 않으면 퇴화한다는 용불용설(用不用說)도 곱게 늙겠다는 사람에겐 참 좋은 교훈이 되겠다.

아무튼 이제는 품앗이나 놉을 대야 했던 논매기도, 퇴비 증산의 풀베기도 없어지고 말았다. 그리고 2-4-D나 다른 제초제(除草劑)를 뿌린 후 세 벌 매기하던, 논에 나는 잡초와의 전쟁도 끝났다. 그뿐인가. 땅을 일궈낼 생각은 않고 농약에 비료를 쏟아 부어댄 결과, 논밭은 산성으로 바뀌었고 살흙은 토기(土氣)를 잃은 지 오래다. 유기물이 3퍼센트는 되어야 기름진 옥토라고 하는데 땅이 퇴비 맛을 못 보니 하는 소리다.

오늘따라 덜 여문 벼를 쪄서 말린 후 찧은 찐쌀을 질겅질겅 씹어 단물 빨아 먹던 생각이 난다. 어머니의 젖물 같은 단맛이었다. 꾀죄죄한 삼베 바지 호주머니에 그놈을 불룩 넣어 가지고 다니며 천하의 부자가 된 것처럼 뻐기던 그 시절이 정말로 행복하였다. 쌀은 죽어서도 입에 물고 간다. 그 저승쌀 말이다.

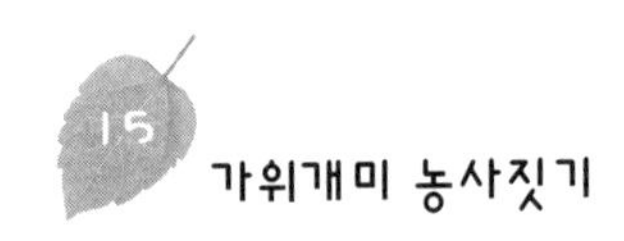

15 가위개미 농사짓기

선인들은 우리나라의 한겨울을 청송백설(靑松白雪)로 표현하였는데, 산에는 만취(晩翠)를 뽐내는 늘 푸른 소나무가, 들에는 만상을 덮어 버린 흰 눈이 눈부시게 반짝이는 겨울 풍경은 정녕 일품이다.

사람들은 겨울 소나무 숲에서 토끼나 고라니를 잡겠다고 날뛰면서도 차가운 겨울의 한풍(寒風) 속에서 봄을 준비하는 대지의 숨소리는 놓치곤 한다. 땅 밑의 벌레 알에서는 유충이, 번데기에서 나비 · 나방이 춘기(春氣)를 듬뿍 받고 새 생명을 싹틔운다.

이 추운 동토를 떠나서 남미로 가 보자. 여러분은 브라질의 어느 열대 우림 지대를 생각해도 좋다. 남반부인 그쪽은 모든 것이 우리와 반대라, 햇빛의 그림자도 시계 반대 방향으로 움직이고, 식물의 덩굴손도 왼쪽으로 감는 것이 더 많다고 한다. 이곳이 겨울이면 그곳은 여름이라 개미들도 먹이 사냥으로 무척이나 바쁘게 움직이는데, 세계적으로 4,000종이 넘는 개미 중에서 200여 종은 곤충 등 동물의 썩은 시체나 배설물 또는 부패한 식물에 곰팡이를 키워서 먹기도 한다. 그 중에서 유일하게 가위개미[*Acromyrmex octospinosus*]는 살아 있는 나뭇잎을 잘라 운반해 와 5미터 아래 지하실에서 그 잎을 발효시켜 곰팡이(버섯)를 양생(養生)하여 먹는다. 가위개미는 영어로 나뭇잎을 자르는 개미란 뜻인 리프커터 앤트(leaf-cutter ant)라고 하는데, 이놈들은 턱이 발달하여 잎을 자를 때 보면 마치 전기가위처럼 날쌔다고 한다. 수십만 마리가 나무 꼭대기에서 잎을 자르는 소리는 소낙비 내리는 소리처럼, 숲속에 잎사귀 조각이 쏟아져 내리는 모습은 원시 그대로의 모습처럼 느껴질 것이다. 태풍으로 아카시아 나뭇잎이 잘리고 찢어져 흩날리는 그런 모습처럼 말이다. 이렇게 나무 위에 떼거리로 올라가 잘라서 바닥으로 떨어뜨리면 밑에 있는 놈들은 그 잎을 물고 일렬로 나르는데, 그 꼴이 마치 개미가 우산을 쓰고 가는 것 같다고 한다. 하룻밤 새에 큰 나무 하나를 벗겨 나목을 만드는 것은 누워 떡먹기라, 열대 우림 지대 나뭇잎의 15퍼센트는 이들 개미가 자른다니 피해도 상당하다.

개미도 사람처럼 나뭇잎을 소화시키지 못해서 곰팡이를 이용하는데, 이런 농사짓기는 수백만 년 전에 시작한 것으로, 인간보다 훨씬 먼저 농사를 지어왔다는 것을 알아야 한다.

한 무리가 다락집으로 잎을 가져오면 다른 무리가 입으로 잘게 조각을 낸다. 그러면 또 다른 무리들이 와서 자잘한 조각을 꼭꼭 씹어 침과 섞은 후에 자신들의 배설물을 쏟아 놓는다. 그런 후에 이 풀 같은 끈적한 것을 마른 잎에 바르고, 오래된 딴 방에서 곰팡이 조각을 물고 와(거기에 홀씨가 묻어 있다) 그 위에 문질러 둔다. 그리고 시간이 지나 곰팡이의 균사가 자라게 되면 빵 조각처럼 모인 이 균사를 먹이로 섭취하는데, 식물즙 외에 이 곰팡이만으로도 완전하고 균형 잡힌 식사가 된다고 한다. 곰팡이를 키우는 방이 지하 5미터쯤 된다고 하는데 그 음습한 곳에서 어떻게 다른 잡스런 버섯은 생기지 않고 제가 먹는 놈만 생기는 것일까 하는 의문이 생긴다. 이것은 개미의 침에 항생 물질이 들어 있어서 필요한 곰팡이 외의 잡균은 모두 죽이기 때문이라고 하니 개미라고 시쁘게 여길 것이 아니다. 다 살게 태어난 것이 신통할 뿐이다. 그러고 보니 개미와 사람은 버섯을 즐겨 먹는다는 공통점이 있다. 버섯에 항암 효과가 있다고 하니 가위개미는 암 하나는 걱정을 놓았겠다.

개미들도 습성이 다 달라서 여기에서 예를 든 곰팡이를 양식해서 살아가는 개미 외에도, 진딧물을 기르는 목축개미, 다른 집 개미의 알과 유충을 잡아와서(싸움에서 이겼다) 노예로 쓰는 노예사냥개미, 식물의 씨앗을 모아 뒀다가 봄에 뿌려 그 잎을 갉아먹는 수확개미 등이 있는데, 모두 그들이 처한 환경에서 오랜 세월 생활하다 터득한 하나의 생활양식이라 봐야 하겠다. 여기서 말하는 가위개미도 여왕개미, 병정개미, 수캐미, 일개미로 계급이 나뉘어 있다. 그래서 계급에 따른 분업을 통해 사회생활을 하는데, 일개미가 많이 분화되어 있는 것이 특징이다. 여기서 분화되어 있다는 말은, 꿀벌이나 보통 개미는 일벌, 일개미의 크기・모양・색깔이 같으나 가위개미의 일개미는 크기부터 다른 것이 많다는 것이다.

"개미 금탑(金塔) 모으듯 한다."는 말은 부지런한 역사(役事)를 한다는 뜻이고, 진보가 없을 때를 북한에서는 "개미 쳇바퀴 돌듯 한다."고 하는데, 이 두 말은 부지런함과 융통성 있는 생활의 조화를 이야기하는 것이다.

16 결초보은의 풀 '그령'

"풀을 묶어 은혜를 갚는다."는 뜻으로 결초보은(結草報恩)이란 말이 있다. 중국 춘추 시대 진나라 위무자의 아들 과(顆)가 아버지가 죽은 후에 서모를 개가시켜 순사(殉死)하지 않게 하였더니, 후에 과가 전쟁에 나가 싸울 때 그 서모 아버지의 혼이 적군 앞길에 풀을 잡아매어 적을 넘어뜨리고 과를 살려 주었다는 고사에서 나온 말로, "죽어서 혼령이 되어도 은혜를 잊지 않고 갚는다."는 교훈이 들어 있다.

그런데 도대체 그 풀의 이름은 무엇일까. 중국의 그것과 우리나라의 것이 같거나 비슷하다고 한다면 그 풀은 그령이라는 볏과 식물의 다년생 초본(草本)인데, 참고로 풀을 초본이라 하고 나무는 목본(木本)이라 한다. 우리나라에는 그령(암그령) 외에도 각시그령 · 참새그령 · 좀새그령이 있는데, 이들 세 종은 모두 1년생 초본이라 뿌리가 약해서 서로 묶어 놓아도 사람을 넘어뜨리지 못한다.

"그령처럼 살아라."는 말이 있고, 생명력이 끈질긴 식물을 비유하여 "질경이 같다."고 한다. 그렇지만 아무리 질기고 생명력이 강한 질경이라 해도 그령과는 비교가 되지 않는다. 밟아도 밟아도 꼿꼿이 일어서는 그령과 같이 꿋꿋한 삶의 유전 인자를 한국 사람이면 누구나 가지고 있다. 조상들이 얼마나 어렵사리 살아남았나를 우리는 잘 알고 있다.

그령을 식물도감에서 찾아보면 "산지의 길가에서 자라는 다년초(多年草)로 뻗는 줄기가 없고 높이는 30~50센티미터이며, 원줄기는 갈라지지 않아 여러 대가 한 군데서 나와 큰 포기가 된다."라고 쓰여 있다. 그래도 독자 여러분의 머리에 '맞다, 그 풀이다.' 하고 떠오르지 않을지도 모르겠다.

그령은 논두렁길에도 나지만 밭가나 마을 뒤 묏길 복판에 많이 나며, 사람이 밟은 발자국이 포기를 반으로 갈라 놓는다. 그러니 양쪽 풀잎을 서로 꽉 묶어 놓으면 지나가는 사람의 발을 걸어 넘어지게 하는 데 안성맞춤이다. 그령은 풀대가 워낙 질겨서 낫으로도 잘 잘리지 않으며, 소도 그 풀을 뜯을 때는 목에 온 힘을 다 주기 때문에 옆에 있으면 뽀드득뽀드득 소리가 난다.

그 질긴 풀을 댕기처럼 꼬아 서로 묶어 두면 소도 다리가 걸려 몸뚱어리를 휘청거린다. 이 글을 쓰면서도 장난꾸러기 악동 짓 할 때의 어린 시절이 만화경처럼 뇌리를 스친다. 창조적일수록 장난기가 넘치고 오래 산다고 하니, 얌전한 척하면서 살아갈 일이 아니다. 아무리 늙어 가도 뼛속에는 동심의 치기가 화석처럼 남아 있는 법이다. 나이를 먹어도 개구쟁이 짓을 하면서 동심으로 살고 싶다.

그건 그렇고 시나 수필에서 무책임하게도 무명초나 무명화란 말을 심심찮게 쓰는 것을 볼 수 있는데 우리나라에 사는 6,000여 종의 식물 중에 사실 이름이 없는 것은 없다. 만물에는 모두 제 이름이 있고 또 제자리가 있다는 옛 말처럼 모든 풀 · 나무에는 이름이 있다. 만일 이름 없는 식물이 발견된다면 식물분류학자들의 눈이 휘둥그레질 것이다. 그 식물은 우리나라에서 처음 발견되는 신종(新種)이거나 아직 우리나라에서는 발견(채집)된 적이 없는 미기록종(未記錄種)일 터이니 말이다. 다시 말해 분류학자들은 전국의 강산을 맨발로 다니며 샅샅이 다 뒤져서 어디에 어느 식물이 살고 있는지 훤히 다 알고 있다는 것이다. 분류학자들은 발로 연구를 한다.

다시 은혜 갚음 이야기로 돌아가자. 사실 우리는 고마움을 잘 표현할 줄 모른다. 서양 사람들의 입에서는 '생큐(Thank you)'나 '당케 셴(Danke schön)'이 버릇처럼 튀어나오는데 우리는 어떤가. 미안합니다, 고맙습니다, 실례합니다,라는 말을 쓰는 데 인색하기 그지없다. 밟히고 또 짓밟혀도 꿋꿋하게 생명력을 잃지 않는 저 그령은 제자리에 태어났음을 만족하며 살고 있으리라. 만족은 곧 지족(知足)이요, 모든 것에 고마워하는 마음에서 비롯된다.

지난 세월을 뒤돌아보면 숱한 은혜를 입고 살아왔건만 작은 보은도 못하고, 까마귀보다 못한 삶을 살고 있음을 발견한다. 죽어서라도 잊지 않고 은혜를 갚아야 하는 건데……. "현재 받는 과보(果報)를 보면 전생에 지은 행(行)을 알 수 있고, 현재 행하는 업보(業報)를 보면 다음 생에 받을 과보를 안다."고 한다. 적선적덕(積善積德)이라는 말을 남기고 싶다.

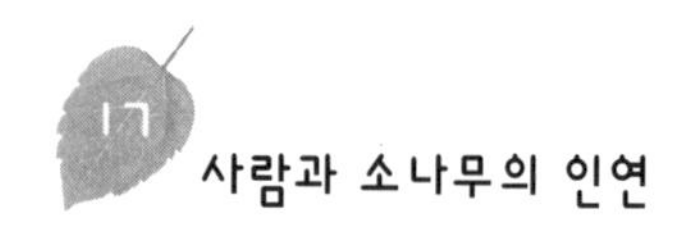

17 사람과 소나무의 인연

송무백열(松茂百悅)이란 말이 있다. "소나무가 무성하니 잣나무가 반긴다."라는 뜻으로 친구의 잘됨을 기뻐한다는 의미인데, 여기서는 소나무와 잣나무를 벗으로 비유했으나 생물학적으로 보면 사촌뻘이 된다. 사촌이 논을 사면 배가 아프다는 고약한 심보에 비하면 지음(知音)을 아낀다는 것은 참으로 갸륵한 일이다. 정말로 사촌끼리 잘 지내기가 '솔방울이 우는 것'만큼 어려운 일일까.

알고 보면 우리나라만큼 소나무가 많은 나라도 없다. 옛날부터 소나무를 귀하게 여겨 다른 잡목을 골라 베어 냈기 때문에 그렇게 된 것이다. 아직도 소나무가 아니면 잡목이라 하여 차별을 한다. 소나무는 많은 만큼 용도도 다양하다. 솔방울은 물론이고 마른 솔가지와 늙어 떨어진 솔가리는 연료로 썼고, 둥치는 잘라 장작을 패어 겨우내 지폈다. 솔갈리 태우는 냄새는 막 볶아낸 커피 냄새 같다. 그뿐인가. 옹이가 진 관솔을 꺾어 모아 불쏘시개로 썼고, 송홧가루로 떡을 만들었으며 송진을 껌 대용으로 썼다. 요새는 '북한에서 딴 송화'라고 해서 약으로도 판다. 또한 스님들은 솔잎을 생식하여 기(氣)를 모았으며, 요새는 솔잎즙 음료를 팔기에 이르렀는데 그 음료에는 설탕 비슷한 과당이 많이 들어 있어 달콤하기 그지없고 배탈났을 때 좋은 탄닌(tannin)도 들어 있다. 그리고 어른 아이 할 것 없이 낫이나 칼로 송기를 벗겨 말려서 가루 내어 밥을 했다. 상실되어야 할 슬픈 과거가 아직도 이렇게 잔존하고 있다.

그러나 무엇보다 집짓기에 소나무가 없어서는 안 되었다.

집도 소나무로 지었고 무덤을 지키는 나무 또한 소나무가 아닌가. 죽은 시체는 어디에 누워 있는가. 소나무 판때기로 만든 관이 저승집이다. 바람 소리 스산한 묏등 소나무 잎의 흔들림에 근심을 푸는 해우(解憂)의 집인 것이다. 그리고 묏등 소나무 중에는 유달리 솔방울이 억수로 열린 것이 있으니, 그 나무도 이제는 명이 다 되어 새끼나 치고 죽겠다는 것이다. 그래서 늘 푸름을 자랑하는 소나무에는 영양소와 우리의 넋이 들어 있다. 조상의 혼백이 스며 있는 소나무는 우리에게 절개(節槪)를 지키라고 가르치고 있다.

우리나라에 자생하는 소나무에는 소나무(솔)·리키다소나무·곰솔·백송 등 여덟 종이 있고, 잣나무에는 잣나무·섬잣나무 등 네 종이 있다. 그런데 소나무와 잣나무는 아주 비슷하여 학명을 쓸 때, 속명을 다같이 *Pinus*로 쓴다. 소나무의 학명은 *Pinus densiflora*이고 잣나무는 *Pinus koraiensis*이다. 그래서 앞에서 이 두 무리를 사촌간이라고 표현했던 것이다.

아는 사람은 다 알겠지만 잣나무 무리(잣나무·눈잣나무·섬잣나무·스트로브잣나무)는 모두 잎이 다섯 개씩 모여(묶여) 나서 오엽송(五葉松)이라 부르기도 한다. 소나무 중에서도 테에다소나무·리키다소나무·백송은 잎이 세 개씩 모여 나고, 가장 흔히 보는 소나무나 방크스소나무·구주소나무·곰솔(해송)·만주곰솔은 잎이 두 장씩 난다. 소나무 무리의 분류에 잎의 모여 나기도 중요한 몫을 한다는 것을 여러분은 배우고 있다. 동식물을 분류할 때는 공통점과 서로 다른 점을 기준으로 한다. 그리고 이렇게 나무마다 고유한 특성을 지니고 있다는 점은 참 재미난 생물 현상이라 하겠다.

다시 소나무 얘기로 돌아가자. 선조들이 그린 화폭 속의 훤칠하게 곧추 자란 낙락장송(落落長松)과 바위 끝에 겨우 걸려 있는, 분재에나 쓸 왜송은 같은 종(種)일까 다른 종일까 하는 의문이 생긴다. 대관령 고갯마루에 가지가 척척 늘어진 저 키 큰 소나무와 야산의 저 땅딸보는 어떻게 다를까 하는 질문도 같은 것이다.

앞으로 성공하기까지 까마득할 때를 "솔 심어 정자라." 한다. 언뜻 보면 작은 솔과 정자나무가 다른 나무로 보이지만 실은 같은 것으로, 잔솔이 커져 정자나무가 된다. 연륜과 환경이 달라서 그렇지 크고 작은 것들 모두가 같은 소나무인 것이다. 이렇게 같은 종이지만 사는 장소(생태)가 달라서 다르게 보이는 것을 생태형(生態型)이라 부른다. 사람도 다를 바 없어서 어느 가문에 태어나 어떤 부모를 만나느냐에 따라 거목이 되기도 하고 왜솔이 되기도 한다. 환경의 중요성을 강조하는 대목이다.

그런데 앞으로는 소나무가 점점 줄어들 것이다. 사실 지금 줄어들고 있다. 잡목을 베지 않고 그대로 두기 때문이다. 잎이 넓은 나무들(참나무, 상수리나무 등)이 빨리 성장해 잎이 햇빛을 가리게 되는데 이로 인해 소나무가 죽어 가기 때문이다. 생물학에서는 이를 극상(極相)에 도달했다고 하는데, 이런 현상이 늙은 산의 제 모습이라 할 수 있다. 물론 소나무가 다 사라져 버린 산을 상상하기가 두렵지만.

숲속에도 이러한 우여곡절이 있다니 재미나지 않은가. 물극즉반(物極則反)이란 말이 있는데 "모든 일이 최고에 달하면 쇠퇴한다."는 말이다. 소나무 같은 침엽수는 숲의 최고에 달하는 이 같은 극상이 되지 못하고 활엽수가 최후의 승리자가 된다. 강원도 고성의 산불은 좋은 예가 될 것이다. 그곳에 식물이 나서 극상에 도달하려면 최소한 50~100년은 걸릴 것이라고 식물생태학자들은 말한다. 산불이 난 후에는 가장 먼저 씨앗이 바람에 날리는 망초 같은 풀이 나고, 해가 가면서 나무가 날 것이다. 나무 중에는 침엽수도 나겠지만 활엽수도 같이 나 경쟁을 하면서 자란다. 여기에 햇빛을 적게 받아도 되는 참나무 같은 것〔음수(陰樹)라 한다〕이 세력을 더하게 되는데, 이들로 인해 센 빛을 많이 받아야 하는 소나무는〔양수(陽樹)라 한다〕 그늘에 들게 된다. 그래서 결국 햇빛 부족으로 고사하는 것이다. 간단히 설명했지만 이렇게 생태가 조금씩 바뀌어가는 것을 천이(遷移)라 한다. 그래서 천이의 극상은 음수림이 된다.

"금줄의 소나무 잎에서 시작하여 소나무 관 속에 누워 솔밭에 묻히고 무덤 속의 한을 은은한 솔바람이 달래준다."고 어떤 이는 사람과 소나무와의 관계를 이렇게 갈파했다.

<이 글은 「사람과 소나무」라는 제목으로
중학교 2학년 1학기 국어 교과서에 실려 있습니다.>

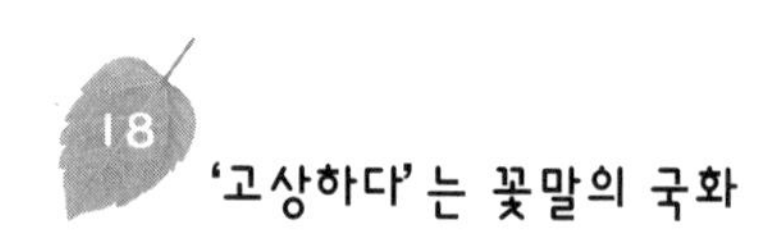

18 '고상하다'는 꽃말의 국화

"국화야 너는 어이 삼월 춘풍(春風) 다 지내고 낙목한천(落木寒天)에 네 홀로 피었나니 아마도 오상고절(傲霜孤節)은 너뿐인가 하노라."

"울타리 국화가 일찍 피는 것은 가을 바람이 재촉함이로다. 꽃을 재촉하는 것은 옳거니와 귀밑 털에 들어올까 염려스럽다."

"꽃이 있고 술이 없으면 가히 차탄(嗟歎)할 것이며, 술이 있고 사람이 없으면 또한 어찌하겠는고. 세상 일이 유유함을 모름지기 묻지 마라, 꽃을 보고 술을 대하여 일장가(一長歌)를 하노라."

위 글은 옛 어른들이 부른 국화에 관한 노래들이다.
서정주 시인의 「국화 옆에서」라는 시도 생각난다.

"한 송이 국화꽃을 피우기 위해서 봄부터 소쩍새는 그렇게 울었나 보다.

한 송이 국화꽃을 피우기 위해서 천둥은 먹구름 속에서 또 그렇게 울었나 보다.

그립고 아쉬움에 가슴 조이던 머언 먼 젊음의 뒤안길에서 이제는 돌아와 거울 앞에선 내 누님 같은 꽃이여.

노오란 네 꽃잎이 필라고 간밤에 무서리가 저리 내리고 내게는 잠도 오지 않았나 보다."

그렇다. 낙목한천에 무서리가 내려도 절개를 지킨다는 국화꽃에서 죽음과 우정과 인고를 읽어낸 시심(詩心)이 한결 돋보이는 글이다. 살기(殺氣)가 넘치는 늦가을에는 누구나 철학자가 된다고 했고, 생기(生氣) 넘치는 봄에는 시인이 된다고 했는데 시인과 철인은 딴 사람이 아닌 바로 그 사람이 아닌가.

생활을 더욱 풍요롭게 해 준 국화

국화의 원조는 산자락에 긴 줄기 내려 피는 노란 산국(山菊)으로 보는데, 3000년 전 중국 주나라 때부터 이것을 개량 재배하기 시작했다니 사람살이와 국화 키우기를 같이했다고 봐도 되겠다. 그리고 이 산국이 돌연변이를 일으켜 대국 · 중국 · 소국으로 바뀌고, 각양 각색의 다양한 국화를 만들었으니 돌연변이의 위력은 알아줘야 하겠다. 또 국화에는 봄에 피는 춘국(春菊), 여름에 피는 하국(夏菊), 겨울에 피는 한국(寒菊)이 있다. 사군자의 하나로 사랑받아 온 국화는 그래서 '밝다', '고상하다'라는 꽃말을 얻었고 지금도 뭇 사랑을 받고 있다.

국화는 그저 감상의 대상물로만 머물지 않고 꽃으로 술을 담가 마셨는데, 명을 늘린다 하여 연명주(延命酒)라 불렀다. 또한 창문에 한지를 바를 때도 넣어 붙이고, 말려서 베개 속이나 이불 솜에도 넣어 향기를 즐겼다니 상서(祥瑞)로운 영초(靈草)라 아니할 수 없다. 국화가 없는 가을을 상상해 보면 더욱 그렇다. 가을 들판이나 산자락에는 산국 말고도 국화와 닮은 꽃을 피우는 국화과 식물들이 있다. 그 중에 흔히들 '들국화'라고 부르는 놈이 있는데, 바로 구절초(九節草)라는 여러해살이 풀을 말한다. 국화꽃 송이와 비슷하고 꽃은 흰색인데 약간 붉은 빛이 도는 것도 있으며 중앙은 붉은 노란색(적황색)이다. 한방에서는 구절초의 잎으로 고와 구절초고(膏)를 만드는데 강장제로 좋다고 한다. 그리고 잎을 9월 9일에 따면 약효가 있다 하여 구절초(九折草)가 되었다고 한다. 그래서 이 글에서 알 수 있듯 구절초의 한자어는 두 가지로 쓰인다.

한약에서 잎줄기나 뿌리를 캐는 데도 시기가 있다는 것이 흥미를 끈다. 약초가 항상 약이 되는 것은 아니라는 것이다. 그리고 또 '들국화'라고 부르는 것이 있으니 쑥부쟁이가 그것이다. 우리나라에 있는 쑥부쟁이 종류도 열다섯 종이 넘는다고 하는데 이것들은 약간 습기가 있는 곳에서 난다. 구절초보다 줄기가 가늘고 길며 꽃잎이 가늘다. 독자 여러분들도 구절초와 쑥부쟁이를 한번 구별해 보기 바란다.

그런데 국화를 잘 관찰해 보면 국화 한 송이가 사실은 한 송이가 아니라 수많은(160여 송이) 꽃송이가 모여 꽃을 이루고 있음을 알 수 있다. 다시 말하면 보통 꽃잎으로 보는 것 하나가 꽃잎이 아니라 한 송이 꽃이라는 것인데, 그것을 확인하기 위해서는 이파리 하나를 따서 저 아래쪽 통처럼 생긴 곳을 찬찬히 조심스럽게 아래로 찢어 보면 알 수 있다. 작은 꽃술을 발견할텐데 그것이 암술이다. 그리고 끝이 두 갈래로 갈라진 곳의 아랫 부분이 씨방으로, 그것이 씨가 맺힐 자궁인데 국화에서는 그것이 퇴화되고 대신 뿌리나 줄기로 번식을 한다. 이런 꽃의 특징은 국화만이 아니라 국화과 식물은 모두 그렇다. 그래서 가을 꽃인 코스모스, 백일홍, 쑥도 매한가지다.

일본은 국화(菊花)를 국화(國花)로 삼아 '국화와 칼'이 그들의 상징이 되었고, 벚꽃(사쿠라)을 나라꽃으로 하나 더 가지고 있는 욕심쟁이다. 우리도 통일이 되면 두 개를 같이 가져도 좋지 않을까 싶다. 산목련과 무궁화를 나라꽃으로 말이다. 북한의 옛 국화는 진달래였으나 김정일이 산목련을 좋아해 그것으로 바꾸었다고 한다.

가을밤 달 아래서 친구가 없는 밤에도, 국화꽃을 벗 삼아 술잔 속의 달을 마시는 그런 정서가 아쉬운 때에 살고 있는 것은 아닐까. 그저 아련한 그리움으로 남아 있을 뿐이다. 정녕 삶의 여유가 그립다.

19 사람보다 더 튼튼하게 집을 짓는 까치

'까치'라는 말은 '까까' 하는 놈(~치)이란 뜻이리라. 그런데 내 귀에는 까까가 아니고 '짹짹'으로 들리는 것은 왠지 모르겠다. 까치에 얽힌 말이 참 많다. 흰소리 하는 것을 조롱하는 말로 "까치 배 바닥 같다."고 하고, 두 발을 모두어 뛰는 종종걸음을 '까치걸음'이라 하며, 추운 날씨에 맨발인 아이에게 "까치가 발 벗으니 가지 따 먹는 시절인 줄 아나."라고 한다. 그리고 물건을 잃은 사람이 손댄 자를 대강 짐작할 때 "까치 발을 볶으면 도둑질한 사람이 말라 죽는다."고 공갈을 치기도 한다.

까치는 기쁜 소식을 전해 주고 귀한 손님이 온다는 것을 알려 주는 영물이다. 우리는 길조(吉鳥)로 보아 아끼는 반면 서양 사람들은 흉조로 취급하고 대신 까악까악 우는 까마귀를 길조로 여기는데, 이는 다 문화의 차이다. 실제로 영국에서는 날갯죽지 일부가 잘려 날지 못하는 까마귀를 키우고 있지 않던가. 그리고 우리네는 귀가 크면 부처님 귀라 하여 복귀로 여기지만 서양 사람들은 당나귀 귀에 비유하여 바보 취급을 한다. 이 또한 문화의 차이다. 귀가 작아야 미인인 나라도 있다니 믿어지지 않으나 그것도 사실이다.

까치는 머리 · 등 · 가슴 · 꼬리는 검고, 날개 일부와 배(일명 '까치 배 바닥')는 흰색이며, 나머지는 청록색이다. 어떻게 저렇게 예쁜 생물을 만들었는지 조물주의 신통력에 감탄할 뿐이다. 그리고 집은 보통 지난해 것을 보수해서 쓴다. 보수를 한다고 하지만 잘 관찰해 보면 집 위에다 포개 얹어 짓는, 말 그대로 옥상집을 짓는 경우가 대부분이다. 특히 홍수가 날 해는 이전에 집을 지었던 곳보다 더 높은 곳에 짓는다고 한다. 까치가 일 년 신수와 일기예보를 본다니, 미물이라 매도할 수 없다. 나뭇가지에 켜켜이 쌓인 까치집의 나뭇가지 숫자는 1천여 개나 되는데 이 마르고 긴 나뭇가지를 얼키설키 얽고 진흙을 섞어 둥지를 짓는다. 그리고 까치는 눈이 펑펑 쏟아지는 겨울에도 긴 나뭇가지를 물어 나르고 새털을 찾아 집을 짓는 준비성을 발휘한다. 그때는 물론 짝이 정해져 있다. 아마도 작년의 그 부부 까치일 것이라 믿는다.

사람이 지은 집보다 더 튼튼한 까치집

드나드는 걸쇠대문도 멋지게 단장하고 알 낳을 자리에는 짐승 털이나 부드러운 헝겊, 풀잎 등 잡동사니를 깔아 4~6월에 3~6개의 알을 낳는다. 까치는 잡식 동물로 개구리 · 곤충 · 지렁이 같은 동물은 물론이고, 보리 · 쌀 · 콩 · 감자 · 홍시도 잘 먹는다. 가을에 감이나 대추를 걷어들이면서 언제나 가지 끝에 '까치밥'을 남겼으니 그것이 우리 조상의 마음의 여유요, 자연보호였다. 여기에는 모든 먹을 거리는 사람만의 것이 아니라 다른 동물과도 나눠 먹는 것이라는 사상이 스며 있다. 자기 자신만 생각하는 요즘 사람들에게 교훈을 주는 따끔한 매가 바로 이 까치밥이다. 콩을 심을 때도 꼭 세 개를 심어서 하나는 땅의 벌레가 먹게 하고 다른 하나는 하늘을 나는 새에게 주고 나머지 하나를 사람이 먹는다고 생각한 것이 우리 조상님네의 생각이요, 사상이었음을 덧붙여 둔다. 그리고 요놈들은 겨울이면 떼를 지어 생활하는 특징이 있는데, 여럿이서 찾아야 가을에 묻어 둔 먹이를 찾기가 쉬우니 그런 것이 아닐까 하는 생각을 해 봤으나 이유는 필자도 잘 모르겠다.

칠월 칠석은 까막까치가 견우와 직녀를 가로지르는 은하에 오작교를 놓는다는 밤이다. 그래서 그때가 되면 까마귀와 까치의 머리털이 다 빠지게 된다고 하는데 실은 그놈들이 털갈이를 하기 때문이리라. 비과학적이긴 하지만 선조들은 새들이 저 은하수까지도 날아간다는 상상력을 발휘한 것이다.

그런데 건축학을 하는 공학도들이 까치 둥지를 그대로 떼 가서 집의 얼개를 연구한다는 소리를 들었다. 우리도 어릴 때 장대로 까치집을 찔러 보곤 했지만 여간해서 잘 부서지지가 않는다. 전신주 위에 지은 까치집과 전쟁을 선포한 한국전력 사람들이 그래서 힘이 든다. 철삿줄까지 동원해서 집을 지어 놨으니 단단할 수밖에 없다. 비바람이 쳐도 끄떡없다. 그런데 어찌하여 만물의 영장이라 자처하는 사람들이 지은 집들은 폭삭 내려앉고 다리가 무너져 내린단 말인가. 어느 스님의 말씀처럼 '마음 세우는 공사'가 부실해서 그런 것이다. 곧 양심의 붕괴에 따른 결과이다.

맞는 말이다. 모든 일에 자기를 비추어 되돌려 생각하는 반구(反求) 정신이 필요하다.

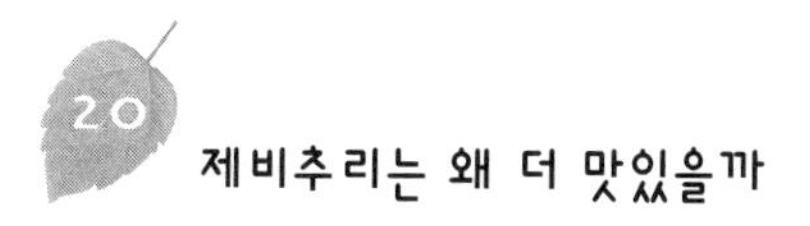

제비추리는 왜 더 맛있을까

사람의 도량이 크고 속이 탁 트였을 때를 "가슴이 화룡선(畵龍扇) 같다."고 하고, 반대로 꾀죄죄하고 융통성이 없는 경우는 "겨자씨 가슴통 같다."고 한다. 동물 중에서도 가슴이 넓은 것은 영장류들이고 그 중에서도 사람이 제일이다. 그리고 여자보다는 남자가 사냥하고 농사일 하느라 어깨와 가슴통이 클 대로 커져서 공기를 많이 담게 되어 힘이 세다. 남자의 넓은 가슴은 남성다움을 나타내는 매력이 되기도 하나 "힘쓰기보다는 꾀쓰기가 쉽다."는 현대인에게는 그 매력의 의미도 퇴색되어 간다. 튼튼한 근육으로 싸인, 공기가 가득 든 숨결 넘치는 가슴을 킹콩처럼 두 손으로 쾅쾅 내리치는 호전적이고 도전적인 힘살의 세계에서, 손가락 끝으로 컴퓨터를 두드리는 머리의 세상으로 바뀌어가고 있으니 몇천 년 후의 사람 모습을 상상하기란 그리 어렵지 않다.

사람의 가슴(흉강)을 살펴보면 앞에는 세로 가슴뼈가, 뒤에는 등뼈가 있는데, 열두 쌍의 갈비뼈(늑골)가 이들을 연결하여 뼈통을 만든다. 그리고 그 속에는 중요한 생명 기관인 심장과 허파가 들어 있고, 가로막(횡격막) 아래에는 간과 콩팥이 들어 있다. 가로막은 호흡에 중요한 부위로 이것을 수축하고 이완시키는 중요한 근육이 있으며, 특히 소에는 팔뚝만 한 것이 붙어 있는데 이것을 '제비추리'라 한다. 그리고 이것은 밤낮 쉬지 않고 움직이는 근육이라 맛이 있다. 참고로 흉강과 복강을 가로지르는 가로막이 있는 동물은 포유류밖에 없다.

남자는 가슴에 단단한 근육이 있지만 여자에게는 지방이 많은 유방이 있는데, 이것은 자식에게 젖을 먹이는 일 외에 성적 신호로도 쓰인다. 이제는 몸의 미를 평가하는 기준도 바뀌어 옛날에는 불룩 나온 '사장배'를 부러워했으나 지금은 그 반대가 되었다. 그러나 세상은 공평하지가 않아서 아직도 살 찌고 싶어서 자라 피를 마시는 사람도 있다. 사실 유전적 체질이라는 것이 있어서 살 빼기도 살 찌기도 일부러 하기란 쉽지 않다. 영장류 중에서도 항상 유방이 부풀어 있는 것은 인간밖에 없는데 젖을 먹일 때는 보통 때보다 1/3 정도 부피가 늘어난다. 원래는 자식에게 젖을 먹이기 위한 기관이었으나 일부 무지한 어미들은 아이에게 젖을 먹이면 유방의 꼴이 바뀐다고 붕대로 잡아 묶고 애는 소젖을 먹여 송아지를 만든다. 아이에게 젖을 빨리지 않으면 늙어서 유방암이 많이 생긴다고 하는데, 이는 자연의 법칙에 순응할 때 무병장수할 수 있다는 것을 일깨워 주는 대목이라 하겠다. 모유에는 모체의 항체가 들어 있으나 소젖으로 만든 분유에는 그것이 없다는 것을 잊지 말아야 하겠다.

앞에서 '소젖을 먹인 송아지'라는 격에 맞지 않은 표현을 썼는데, 갓난아기가 소젖을 먹는데도 소가 아닌 사람이 된다는 것은 흥미로운 일이 아닌가. 개고기 좋아하는 사람들이 사철 그렇게 먹는데도 개살이 아닌 사람 살이 되는 것과 매한가지다. 필자도 그 부류에 속하지만 개도 구분해서 일황이흑삼화사백(一黃 二黑 三花 四白)이라 하여 황구가 제일이고 다음이 검둥이, 바둑이, 흰개 순서로 맛을 자리매김한다. 중국 사람들도 개를 좋아해서 향기 나는 고기라 하여 향육이라 하고, 북한에서는 맛이 달다는 뜻으로 단고기라 하여 무척 즐긴다. 우리는 정혈(精血)을 돕는다고 보신탕이라고 부르지 않는가. 그것이 고단백질인 것만은 사실이다. 소, 개, 사람 살의 성분이 다른 이유는 단백질이 서로 다르기 때문이며, 단백질이 다른 까닭은 단백질을 구성하는 아미노산의 순서가 다르기 때문이다. 단백질인 우유를 마시면 내장에서 아미노산으로 분해되어 우리 몸에 흡수되고, 그 아미노산들이 세포에서 다시 배열 결합해서 사람의 단백질이 된다. 즉, 우유, 개고기의 단백질이 분해되면 그들 아미노산이 재배열하여 다시 사람의 것으로 재합성이 일어나기 때문에 끝까지 사람 살로 남게 되는 것이다.

본론으로 되돌아와서, 사람의 유방과 엉덩이(힙)가 너무도 흡사하다는 것은 괴짜 사진사들이 찍은 사진에서도 확인할 수 있다. 무슨 말인고 하니 사람이 네 다리로 걸어다닐 때는 여자가 성적 신호(표현)로 엉덩이를 흔들어 보냈는데, 서서 다니게 되면서 엉덩이의 매력은 줄고 앞가슴의 유방이 그 몫을 대신하게 되었다는 것이다. 예부터 "꼬리 친다." 하면 여자가 신호를 보낸다는 뜻으로 해석하는데, 참 재미있는 부분이다. 그리고 지금은 브래지어도 다양하게 고안되어 판매되고 있는데 사람들은 다른 동물들이 하지 않는 짓을 많이도 하는 것 같다. 그런 점을 찾아내어 살펴보면 무척 재미있다.

누가 뭐라 해도 가슴은 경건함이나 충성심과 뗄 수 없는 관계이다. 국기에 대한 경례를 할 때면 오른손을 펴서 왼쪽 가슴, 즉 심장 위에 얹는데 마음의 맹세를 할 때도 그렇다. 심장은 몸의 중심이요, 마음이 들어 있고 생명의 근원이라는 점에서 목숨을 걸고 충성하겠다는 뜻이 된다. 불타는 가슴으로 나라 사랑하겠노라고.

21 먹이경쟁을 피하는 유충과 성충의 지혜

알고 보면 봄은 땅속에서 먼저 온다. 4월이면 지렁이가 땅바닥에서 고무작고무작 기어 올라오기 시작하고, 가랑잎 쌓인 나무 그루터기에서는 배추흰나비의 주름 번데기가 기지개를 펴고 껍질 깰 준비를 한다. 새 생명이 탄생하는 절체절명의 순간이다.

"봄바람에 처녀 젖가슴 튼다."는 말이 있듯이 아직도 볼에 닿는 바람에는 찬기가 도는데도 양지 바른 곳에 장다리꽃이 피고, 흰나비가 팔랑팔랑 날아간다. 그것을 보면서 "아! 벌써 나비가, 흰나비가 아닌가." 하고 다시 보곤 두 손으로 갑자기 얼굴을 가린다. "아니야, 아니야, 나는 흰나비를 보지 않았어." 하면서 고개를 살래살래 젓는다. 그해 이른 봄 흰나비를 먼저 보면 엄마가 죽는다는 말을 들었기에 망막에서 '흰나비'의 영상을 지우려고 도리질을 하며 애면글면하던 내 어린 시절의 그 잔상이 아직도 뇌리 깊숙이 남아 있다. 봄 하늘에 나비 한 쌍이 하늘하늘 날면서 붙었다 떨어졌다를 반복하는데 그것은 그들이 밀월여행(짝짓기)을 하는 것으로, 그 순간에 정자를 주고받는다고 생각하면 재주가 용타는 생각이 든다. 공중을 날면서 짝짓기를 하는 놈은 하루살이나 나비 정도가 아닌가 싶다.

생물계를 유심히 보면, 어미와 새끼 사이에서도 일어날 수 있는 먹이와 공간 다툼을 교묘히 피해서 살아가는 지혜를 발견할 수 있다.

사실 생물의 싸움은 모두가 먹이 얻기 싸움이요, 공간을 확보하기 위한 터 뺏기 경쟁이다. 사람들의 땅따먹기도 알고 보면 넓은 공간을 차지하여 많은 먹을 거리를 얻겠다는 것이다. 사람들이 목숨과 맞바꾸면서까지 권력 · 재산 · 명예라는 삼부(불경에서는 삼악이라 한다)를 쫓는 것도 모두가 잘 먹고 큰 집(넓은 땅)을 갖겠다는 본능적 행위에서 나오는 것이다. 먹이와 공간 없이는 종족 보존이 불가능하기에 그렇게 박이 터지도록 싸운다.

다형질화를 통한 생물의 지혜

앞에서 얘기한 배추흰나비는 물론이고 다른 생물들도 다형질화현상(polymorphism)이라는 장치를 통하여 서로 경쟁을 피하고 있다. 나비를 한자로 호접(胡蝶)이라 하고, 영어로는 여자 멋쟁이란 뜻인 버터플라이(butterfly)라고 하는데 '버터' 색깔을 한 곤충이란 결국은 노랑나비를 칭한다. 나비를 화이트플라이(whitefly)라고 하지 않는 것을 보면 서양 사람들도 흰나비를 먼저 보면 엄마가 죽는다고 생각한 것일까.

이른 봄 월동한 번데기에서 부화된 배추흰나비 성충은 밭 언덕 아래 남새밭의 냉이, 무, 배추꽃의 꿀을 먹고 산다. 이런 초봄의 나비는 춘형(봄형)이라 하는데 다른 곤충과 마찬가지로 크기가 작고 덜 예쁘며, 여름에 부화된 놈들은 하형(여름형)이라 하는데 크기도 크고 색깔도 현란하다. 아마 독자들은 대만 등 동남아에 왜 나비의 종류가 많으며, 크기도 매우 크고 예쁜지, 그 이유를 짐작할 수 있을 것이다. 사실 나비만이 그런 게 아니라 모든 변온동물이 그렇다. 뱀이나 물고기도 열대지방으로 갈수록 종도 다양하고 덩치도 커지며 색깔도 원색으로 바뀐다. 반면에, 사람을 포함한 정온동물들은 추운 지방에 살수록 몸집이 커진다.

이야기가 조금 빗나갔지만 봄나들이를 하면서 수놈의 정기(精氣)를 받은 암놈 나비는 한 배에 100~200개의 알을 무 · 배춧잎에(주로 뒤쪽에) 가지런히 놓아 붙인다. 제가 먹고 컸던 바로 그 식물에 말이다. 거슬러올라가 보면 나비의 알이 부화되어 애벌레가 되고 그놈이 배춧잎을 갉아먹고 커서 번데기가 되고, 그것이 억센 껍질을 뚫고 나와 어른 나비가 되어 다시 제 고향 배춧잎에 알을 낳는다는 말이다.

어쨌거나 알에서 깨어난 배추흰나비 유충(애벌레)을 우리는 '배추벌레'라고 부르는데, 이놈들은 식물의 잎과 체색이 같은 보호색을 가지고 있어 천적에게 잡아먹히지 않고 사람 눈에도 잘 띄지 않는다. 어미는 무나 배추 같은 식물의 꿀을 빨아먹고 살고, 새끼는 같은 종류의 풀이지만 짙푸른 잎을 갉아먹고 산다. 이렇게 성체와 유충은 모양이 다르고 식성도 사는 장소에 따라 달라서 서로 경쟁을 피해 간다. 바다에 사는 해파리(jelly fish)의 경우도 유생 세대인 폴립(polyp) 세대는 바닥에 붙어 사나 성체인 메듀사(medusa)는 떠다니며 살아서 역시 먹이와 공간의 다툼을 지혜롭게 피해 가고 있다.

알 → 애벌레 → 번데기 → 성충의 복잡한 생활사를 갖는 나비와, 새끼가 어미와 같은 사람과는 어느 쪽이 이 지구에 더 잘 적응한 것일까. 동물이 고등하면 고등할수록 태어난(갓 낳은) 자식이 어미를 닮고(닮은꼴), 하등할수록 새끼는 송충이이나 배추벌레, 어미는 날개 가진 나방이나 나비처럼 생판 다른 꼴을 하고 있다.

22 등치고 간 빼먹는 기생말벌

내 고향 경남 산청이나 제주도, 전라도 일부에서는 아직도 뒷간을 '통시'라 부르는데 나름대로는 그 말이 '쉬하는 통' 정도의 의미가 있지 않나 싶다. 아마도 이 변문화(便文化)는 모든 삶의 정도를 가늠하는 가장 정확한 잣대가 아닌가 싶다. 그런데 풀 나뭇재를 모아 뒀다 대변과 섞어 버리는, 발 없는 큰 돌 두 개가 모두인 회치장(灰治粧, 깊은 산골에는 지금도 있다)에서 시작하여, 사랑방 바깥 구석에 큰 항아리를 세워 묻고, 항아리 아가리와 반반하게 황토로 덧칠을 하여 편평하게 앉을 자리를 마련한다. 그리고나서 삼방위 흙돌담을 쌓아 위에 비스듬히 서까래를 얹고 적당히 이엉을 이어 얹으니 그것이 바로 통시다. 이 통시에 기와를 얹는 것은 천석꾼이나 돼야 했으니 농담으로도 "다음에 부자 되면,"을 "통시에 기와 얹으면,"이라고 했다. 양옆과 뒤쪽만 흙돌담을 쌓고 앞쪽은 그대로 두어 밤에는 별을 보고 낮에는 벌을 관찰하기도 했다.

우리집 통시는 통시뿐만 아니라 비료 공장 몫까지 했으니 다목적 화장실이라 해야 맞다. 통시 앞옆에는 소변 항아리가 있었는데 그 안에서 요소를 모아 남새밭 푸성귀에 뿌렸으니 기생충학 강의가 따로 필요 없었다. 무슨 말인고 하니 소변에는 기생충의 충란이 묻어나오지 않고(콩팥에서 기생충의 새끼가 여과되지 못한다) 모두 대변으로 나간다는 뜻이다. 그래서 얼갈이에 소변을 줘도 기생충 문제는 없다. 그리고 봄이 오면 보리밭에 그놈을 뿌려야 했기 때문에 겨울 통시에 일부러 물을 부어 휘휘 저은 다음 똥장군으로 퍼날랐다. 그런데 그것도 아무 때나 하는 게 아니라 끄무레한 날에 뿌린다. 비가 오면 희석되어 땅에 스며들기 때문이다. 진한 비료이므로 보통 날에 주면 보리도 말라 죽는다. 퍼낸 항아리에는 다시 7할 정도 허드렛물을 채워 붓고 지푸라기를 집어 넣어서 물이 튀는 것을 예방한다. 그러나 그게 잘 되지 않아 변 덩어리가 떨어질 때마다 물 튀김을 하니 그것을 피해서 궁둥이를 하늘 똥구멍까지 들어올렸다 내렸다를 반복한다. 절간의 해우소(解憂所)나 우리집 통시도 마찬가지로 물에 풀도 넣고 대소변을 섞어 썩히는 그런 곳이었다. 오래 곧추 앉아 있으면 종아리가 아파 오지만 그래도 그곳은 분명히 근심 걱정을 푸는 곳이었다. 무던히도 어려웠던 한 시대의 이야기다. 이제는 역사의 뒤안길로 사라져 가고 있지만.

먹는 것은 별게 아니었으나 그래도 그에 맞춰서 배설을 해야 했으니 그때마다 통시로 갔고, 거기가 나의 중요한 연구실(관찰실)이 되었다. 결론부터 말하지만 그런 통시가 있었기에 말벌을 관찰할 수 있었다. 그래서 나는 지금도 그렇게 깡촌놈으로 자란 것을 행복하게 생각한다. 가난했기에 말벌을 관찰했노라고 큰소리를 쳐 본다. 통시에 들면 아랫배에 힘을 주면서도 눈은 구석으로 가서 꼬마벌 한 마리가 토담벽에 황토를 씹어서 뱉어 굴집을 짓는 것을 관찰할 수 있다. 예의 구부정한 흙집을 지어 놓으면 짓궂게도 손끝으로 부수기를 여러 번 한다. 그래도 그 말벌은 끈질기게 달라붙어 그 자리에 집을 짓는다. 하루는 이놈이 곰작거리는 연두색 배추벌레 한 마리를 물고 그 구멍으로 쏙 들어가는 게 아닌가!

기생충에 기생하는 생물의 세계

여기에 곤충행동학자 이반(Evans) 등이 15년 동안 연구한 미국산 땅말벌[*Philanthus* sp.] 20종의 연구 결과(*Scientific American*, Aug. 1991.)를 묶어 소개하고자 한다.

우리나라에는 검정말벌, 노랑말벌, 땅말벌, 장수말벌, 호리병벌 등의 말벌이 살고 있다. 땅을 파서 그 속에 집을 짓는 땅말벌, 고목 줄기 속에 종 모양의 집을 짓는 장수말벌(사람이 그 집을 따다 강장제로 먹는다), 작은 나무에 조롱박 닮은 흙집을 지어 매다는 호리병벌 등 집 짓는 습성은 다 다르지만 그 집에 곤충의 유충을 잡아 와서 거기에 알을 낳는다는 점은 모두 같다.

이들이 관찰한 땅말벌(beewolf wasp)의 집짓기는 땅을 파서 집을 짓는다는 것 외에는 다른 말벌과 근본적으로 차이가 없다. 스무 종의 공통적인 특징은 흙을 파서 집을 짓고, 지하에 만들어 놓은 여러 개의 작은 집에 곤충(주로 유충)을 잡아 물고 와서 유충 살갗에 산란을 해서 붙여 두는데, 알은 이틀 후에 부화하여 유충이 되며 그놈은 먹이유충을 먹고 7~10일이면 다 자라서 고치를 만들고 그 따뜻한 지하에서 월동을 한다는 것이다.

다음 해 늦봄이나 여름에 고치를 뚫고 나와 성체가 되는데, 반드시 수놈이 며칠 먼저 나와서 풀섶에 터를 잡고 암놈이 그 영역 안에 들어오기를 기다린다. 이들 성체는 다른 곤충들이 다 그렇듯이 지구에 머무는 시간이 짧아서 3~4주 안에 짝짓기, 집짓기, 먹이 잡기, 알 낳기를 모두 끝내야 하기 때문에 바쁘게 서두를 수밖에 없다. 암수가 만나 십 분간의 짝짓기가 끝나면 암놈은 가장 먼저 땅바닥에 큰 굴(입구)을 파고 들어간다. 그리고 몇 군데 작은 집을 파 놓고는 첫 사냥을 나간다.

그리고 땅말벌의 학명에서 알 수 있듯이(학명은 *Philanthus*.sp.인데 이 이름이 그리스어로 *Phil*(좋아하다), *anthus*(꽃)라는 뜻으로 '꽃을 좋아한다'라는 뜻이다) 이 땅말벌은(성체들은) 꽃의 꿀을 먹고 산다. 새끼(유생)들은 친구 곤충의 유충을 먹는데, 어미는 꽃의 꿀을 먹는다니 이것은 도대체 어떤 의미일까. 참새들도 어미는 주로 곡식을 먹지만 크는 새끼는 거의 벌레로 키우고 사람도 젖먹이들은 주로 젖으로 키운다. 그 이유는 어느 동물이나 크는 놈들에게는 단백질이 중요하기 때문이다. 그리고 생물학적으로 어미와 새끼가 서로 먹이를 달리함으로써 '먹이경쟁'을 피하는 것으로도 해석된다. 식성이나 서식장소가 유생 세대와 성체 세대가 다른 것은 「먹이경쟁을 피하는 유충과 성충의 지혜」에서 설명한 것처럼 다형질화되어 먹이다툼을 피하기 위함인데, 참으로 멋들어진 생물계의 한쪽이라 하겠다.

잡아 온 먹이를 썩지 않게 보관하는 땅말벌

다시 땅말벌 이야기로 돌아와서, 수놈은 유전 물질만 암놈에게 전해주면 모두 끝나지만 암놈은 그때부터 무척 바빠진다. 첫 사냥에서 잡아온 놈을 굴 입구에 차례로 눕혀 놓고(아직 알을 낳지 않음) 약 스무 마리 정도가 잡히면 그때서야 작은 집을 파기 시작한다. 집을 다 파면 한 집에 한 마리씩 끌고 가서 알을 낳고 진흙으로 입구를 막는다. 그리고 다시 기웃이 내려가 집을 파서 알 낳고 입구 덧쌓기를 하는데, 이런 식으로 계속해 나간다. 결국 나비와 나방의 유충 한 마리에 알 한 개씩을 낳고 작은 굴집 하나에 한 마리씩 집어 넣는 것이다.

그런데 잡혀 온 먹이가 말벌 유충이 다 자랄 때까지의 기간인 약 열흘간 부패하지 않아야 하는데 어떻게 그것이 가능할까. 우리는 벌써 어떤 기작이 존재하리라는 것을 유추할 수 있다. 앞에서 필자가 어릴 때 통시에서 잡혀 온 배추벌레를 보았을 때, 놈은 죽지 않고 곰실거리고 있었는데, 그것은 암놈 말벌이 그 먹이를 바로 죽이지 않고 독으로 적당히 마취시켜 놨기 때문이었다. 참 교묘한 말벌의 삶의 지혜라 아니할 수 없다. 죽여 버리면 썩으니 마취를 시켜 둔다! 그래서 제 새끼에게 싱싱한 먹이를 준다!

말벌들이 나비와 나방의 유충을 잡아 굴로 날아드는 것을 볼 때는 애벌레를 길바닥에서 쉽게 주워온 것 같지만 실은 그렇지 않다. 나비와 나방의 유충들 저항도 만만치 않다.

나방 유충들이 어떻게 이 거센 말벌의 공격을 피하는지 보자. 나방의 알 떼에서 개미 새끼 같은 애벌레들은 나오자마자 입에서 실을 쏟아내고 잎 가장자리를 잡아당겨 실그물을 얽어나간다. 이로 인해 조무래기 나방 새끼놈들은 힘찬 말벌의 턱 아래에서도 자기를 보호할 수 있게 되니, 본능의 의미를 반추하게 하는 대목이다. 그 실이 철사보다 강하다는 것을 우리가 몰랐을 뿐 말벌은 익히 알고 있기에 말벌들에게 실을 걷어 내고 유충을 잡아가는 일은 힘에 부친다. 나방의 새끼들(유충)은 말벌에게 먹히지 않기 위해 둘레에 몇 겹의 그물 같은 실을 쳐서 몸을 보호한다는 말이다. 또한 나비 유충들은 보호색으로 잡히는 것을 피할 수 있다. 이렇게 다들 생존 방법이 특이하고 다르다. 그래서 말벌은 유충 한 마리를 사냥하는 데 젖 먹던 힘까지 다 쏟고 남다른 꾀를 부린다.

여기에서 우리의 눈길과 관심을 끄는 것이 있으니, 말벌이 있는 곳에는 반드시 말벌이 잡아온 먹이를 탐내는 기생파리나 기생말벌이 있더라는 것이다. 똥이 있는 곳에 똥파리가 날아드는 것과 하나도 다를 바 없다. 영어로는 이를 클레프토파라시트(cleptoparasite)라 하는데 우리말로는 '도둑기생'으로 번역하면 되지 않을까 싶다. 여기서 기생파리와 기생말벌은 모두 다 누에에 알을 낳는 쉬파리(영장파리)처럼 암놈이 알을 낳는 게 아니라 새끼(구더기)를 직접 낳는다. 알이 이미 어미의 생식관에서 부화되어 나오는 일종의 난태생을 한다. 작은 기생파리놈은 땅말벌이 곤충의 유생을 물고 오면 잽싸게 달라붙어 거기에 쉬를 슬려고 하지만 말벌은 곡예비행을 하여 그놈들을 따돌리고 둔덕진 곳의 굴로 쏙 들어간다. 그런데 기생말벌은 한술 더 떠서 말벌이 입구에 여러 개의 가짜(부속) 입구를 만들어 놓아도 귀신같이 먹이 있는 굴을 찾아낸다. 그리고 거기에 이죽이죽 웃으며 들어가 이미 땅말벌이 산란한 먹이에 산란을 한다니, 등 치고 간 내어 먹는 놈보다 더한 놈이다. 그런데 기생말벌 유생은 말벌 유생보다 식성이 더 좋다. 그래서 먹이를 빨리 먹어 치우는 것은 물론이고 먼저 산란된 땅말벌의 알이나 유생을 찾아내어 먹어 치운다니, 세상은 다 그런 것이라 해 두자. 기생충에 기생하는 생물의 세계에서 일어나는 일이 사람 사는 세상에도 버젓이 일어나는 것을 생각하면 한편으로 두렵기도 하다.

별 볼일 없는 수놈

여기 별 볼일이 없다는 말벌의 수놈 이야기를 보태 보자. 터를 잡아 암놈 한 마리에게 10분 동안 정자를 넘겨 준 뒤에도 죽지 않고 다시 제자리로(풀잎으로) 돌아가 달라붙어서, 다른 암놈이 세력권에 들어오기를 기다리며 2~3주간 영역을 지킨다. 계속해서 풀잎에 배를 문지르면서 페로몬을 분비하여 암놈을 유인하는 것이다.

그래서 여러 번 짝짓기를 한다. 수놈만이 갖는 턱샘에서 성 페로몬을 분비해서 암놈을 유인한다. 그 페로몬의 주성분은 지방산, 에틸레이트(ethylate), 케톤(ketone)의 혼합 물질인데 고등, 하등에 관계없이 수놈호르몬을 만드는 데는 지방이 으뜸이다.

그런데 가장 큰 문제는 여기 연구의 대상인 말벌들이 꿀벌을 공격해서 굴로 잡아간다는 점으로, 산란기에는 한 마리 말벌이 하루에 백여 마리의 꿀벌을 죽인다고 한다. 양봉업자들에게 땅말벌이 문제가 된다는 사실도 이 연구 결과 얻어진 것이다.

그런데 이들 학자들은 이 말벌을 사람과 동물을 쏘아 죽인다는 '살인벌'을 잡는 데 쓰면 되지 않을까 하는 여운을 남기고 있는데, 여기에서 같이 살인벌에 대해서 살펴보자.

이 벌은 1956년 브라질에서 수입한 아프리카산 꿀벌로 놈들이 계속 북상하여 1990년 10월, 멕시코에서 미국으로 국경을 넘어왔으며, 1993년에는 아리조나까지 북상했다고 한다. 이 벌은 화를 잘 내고 집요하게 공격하는 종으로, 화가 났을 때 사람이나 가축에게 집단적인 공격을 하는데, 실제로 남미에서 35년 동안에 1,000여 명의 무고한 사람을 살생했다.

미국에서는 이 북상하는 공포의 벌을 연구하고 관찰해 일단 멕시코를 넘어오면 다 잡아 죽인다는 계획까지 세웠으나 결국은 그들의 국경 침입을 막지 못했다. 그런데 이들이 북상하면서 여왕벌이 남미의 다른 유럽 종의 수펄과 짝짓기하여 반종(튀기)을 생산하게 되었다.

이로 인해 이놈들이 도리어 병과 기생충에 강하고 성질도 온순해져 지금은 별 문제가 되지 않는다고 한다.

아무튼 사람들은 벌레 한 마리도 인간에게 유익하도록 키우고 길들이려 하는데, 이것이 다른 동물과 다른 점이 아닌가 싶다. 이기적 유전자를 가진 동물이라서 그렇다.

고작 한해살이를 하는 땅말벌이라 해도 생태가 그렇게 간단하지 않다. 그놈들도 다사다난한 일생을 보낸다.

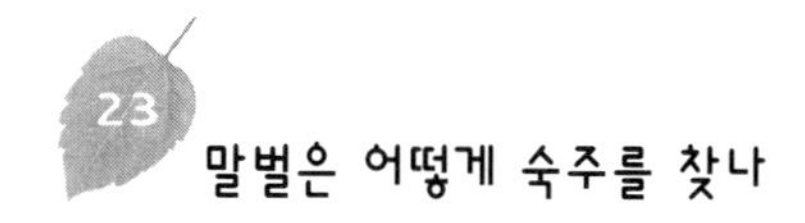

23 말벌은 어떻게 숙주를 찾나

숨고 찾는 숨바꼭질은 아이들만 하는 놀이가 아니다. 생물계에서도 포식자(捕食者)와 피식자(被食者) 간의 쫓고 쫓기는, 생사가 걸린 놀이가 언제나 있다. 여기서 필자는 '생사가 걸린 놀이'라는 표현을 썼는데, 그러면 기생말벌은 보호색이나 의태라는 무기를 사용해 숨어 있는 나비나 나방의 유생을 어떻게 찾아내는 것일까. 여기서 암놈 말벌이 유충을 찾는 것은 잡아먹으려는 것이 아니라 유충에 알을 낳아 번식용으로 쓰자는 것이다. 유충을 잡아서 마취시켜 놓고 굴속에다 산란을 해 숨겨 두면 부화된 말벌 유생이 나비 · 나방 유충인 숙주(宿主)를 먹고 자라 고치를 만들고 그 안에 번데기로 되었다가 우화(羽化)하여 성충이 되는, 길고 복잡한 생활사를 말벌이 가지고 있음을 우리는 안다(「등치고 간 빼먹는 기생말벌」 참조). 같은 곤충이면서 딴 곤충의 유충에 말벌의 제 유충을 기생시키는 특이한 생식 방법이다.

말벌은 고치에서 나오자마자 짝을 찾기 시작하고 새끼 낳을 숙주, 곧 벌레 유충을 찾는데 이곳저곳 날다가 우연히 만나는 것이 아니라 치밀한 작전하에 과감한 실전이 벌어진다. 어떻게 먹이 사냥을 하는지 말벌의 생태를 찾아가 보자. 결론부터 말하면 식물을 곤충들의 유충이 갉아먹고 그 유충을 말벌이 먹는 삼자의 관계는 그렇게 간단하지만은 않다.

말벌이 곤충의 애벌레 대변이나 그것들이 갉아먹는 식물이 분비하는 냄새를 맡고 찾아가 공격을 한다는 큰 테두리에서 이야기를 진행해 갈 것이다. 식물도 벌레들이 잎이나 줄기를 갉아먹으면 그것에 대해 즉각적으로 반응을 나타낸다는 사실에 관심을 가져도 좋겠다. 즉, 식물이 유충에 의해 상처를 받으면 신호 물질인 화학 물질을 분비하는데, 말벌이 그 냄새를 맡고 찾아와 유충을 이내 잡아 죽이니, 식물과 말벌이 공모하여 유충을 잡아 죽이는 셈이다.

송충이나 배추벌레가 솔잎이나 배춧잎을 갉아먹고 똥을 누는데 말벌이 그 똥 냄새로 이들이 있는 곳을 찾아내는 것도 그렇지만, 상처난 소나무와 배추가 신호 물질을 날려 보내 말벌이 그 냄새를 맡고 찾아오게 해서 송충이와 배추벌레를 잡아가도록 한다는 말이니, 풀 · 나무들을 우습게 봐서는 안 되겠다.

말벌이 숙주를 찾는 방법은 크게 냄새를 맡아 찾아 가는 후각을 이용하는 것과 시각을 이용하는 것 두 가지가 있다. 일반적으로 유충은 입과 대변에서 휘발성 물질인 카이로몬(kairomone)이란 물질을 분비하는데, 이 대변 냄새로 말벌이 유충이 먹고 있는 식물을 알아낸다고 한다. 또 말벌이 잎에 날아와 더듬이로 변의 비활성 물질을 확인하고, 시각적으로 유충이 있는 곳의 모양과 색깔도 구분한다고 한다.

다음은 유충이 식물을 갉아먹을 때 식물이 나타내는 반응을 보자. 나비의 유충이 잎을 갉아먹으면 상처 부위에서 휘발성 분비물을 분비하는데 이것이 곤충에게는 독이 되나, 말벌은 오히려 그 냄새를 맡고 날아온다니 분명히 특수한 진화를 했다고 보겠다. 이때 식물들이 분비하는 휘발성 물질은 테르펜(terpenes)이나 세스퀴테르펜(sesquiterpenes)이라는 물질로, 말벌은 이 물질에 예민하게 반응한다. 그런데 식물의 잎을 칼로 상처를 낼 때는 소량 분비하나 칼로 상처를 낸 자리에 유충들의 침을 발라 주면 훨씬 많이 분비한다고 한다.

식물이 뿜어내는 향기에 반응하는 또 다른 동물인 진딧물을 보자. 강낭콩의 일종인 리마콩잎을 갉아먹는 거미진딧물이라는 놈이 있다. 거미진딧물이 잎을 먹으면 콩은 곧바로 특유의 휘발성 신호 화학 물질을 분비한다. 그러면 그 냄새를 맡고 다른 진딧물이 와서 거미진딧물을 잡아먹는다는 이야기다. 잔디를 막 베었을 때 풋풋한 냄새가 나는 것도 상처에 대한 반응으로 그 식물이 분비한 화학 물질의 냄새이다. 일례로 제라늄, 들깻잎은 보통 때는 냄새를 뿜어 내지 않는다. 마늘도 양파도 가만히 두면 그렇다. 줄기나 잎에 손을 대거나 껍질을 벗기거나 칼로 자르면 특유의 냄새를 뿜어 내며 침입자나 곰팡이 세균에 대한 저항 물질을 분비한다. 그리고 식물마다 특유한 냄새를 가지고 있어서 특수한 동물과 식물이 서로 연계되어 진화를 해 왔다. "송충이는 솔잎을 먹고 산다."는 말도 동물과 식물이 상호 작용을 하는 특성을 강조하는 말로, 배추흰나비의 애벌레(배추벌레)는 무, 배추 등만 먹고 산다. 즉, 송충이에 날아드는 말벌과 배추벌레를 숙주로 삼는 말벌이 서로 다르다는 것이다. 그런데 말벌이 유충이나 유충의 똥에서 풍기는 화학 물질보다 식물이 분비하는 것에 더 예민한 반응을 보인다는 것은, 식물과 동물들이 얼마나 강한 유전적인 관계를 가지고 진화해 왔나를 강조하는 내용이다. 한마디로 식물이 동물의 공격에서 벗어나기 위해 일단 작전을 세워 변하면 동물도 따라서 변해서 재공격을 하는 식으로, 서로 연계되어 바뀌면서 발달해 왔다는 것이다. 식물의 잎이나 줄기에 생긴 털 하나조차 동물의 공격을 막기 위한 작전이라는 것을 생각하고 자연을 들여다봐야 할 것이다.

그런데 식물들이 분비하는 화학 물질은 식물마다 다르고(그래서 풀 냄새가 다 다르다) 벌레들이 먹는 부위에 따라 다르며, 한 식물을 어떤 종의 유생이 먹고 있나에 따라서도 차이가 난다.

그리고 고치에서 막 나와 성충이 된 말벌이 무슨 수로 유충을 잡을 수 있겠는가 하는 의문도 생긴다. 첫 경험에는 20~30분 걸렸던 사냥이 시간이 지날수록 실력이 늘어나 나중에는 5분에 한 마리씩 사냥을 한다. 처음에는 유전적인 본능으로 좋아하는 유충의 냄새를 알고 찾아갔고 반복된 경험이 쌓여서 능률이 올랐다고 보는데, 고치 속에 들어 있던 화학 물질로 이미 냄새 맡기 연습을 하고 나왔다는 실험이 있다. 모체 속에서 태아(胎兒)들이 공부를 하듯이 말이다.

그러면 이 말벌을 인간에게 유리하게 쓰는 방법은 없을까. 농약 살포 문제가 많이 생기는데 뒤탈 없는 '생물 방제법'은 없는 것일까. 말벌은 쉽게 배우고 화학 물질에도 잘 반응하니, 이놈들을 연습시켜 유충을 잡는 역할을 시켰으면 한다. 송충이, 배추벌레, 진딧물을 잡아 없애는 경찰로 만들려고 많은 시도를 하고 있으나 아직 실용 단계는 아니다. 어떻게 이것들을 이용해서 화단이나 과수원의 벌레들을 죽이느냐 하는 것이 문제인데 그러려면 이 말벌의 특성, 생리, 발생 등 모든 분야에 대한 연구가 있어야 한다. 이런 기초・원리 연구를 순수과학이라 하고, 그것을 이용하여 사람에게 유리하게 활용하면 그것이 바로 응용과학이다. 언제나 넓은 기초과학(순수과학) 바탕 위에 튼튼한 응용과학이 우뚝 서야 한다.

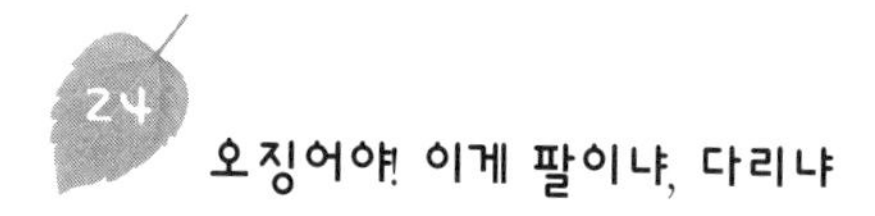

24 오징어야! 이게 팔이냐, 다리냐

“어물전 털어먹고 꼴뚜기 장사한다.”라는 말은 큰돈은 다 털어먹고 빈한한 살림살이를 한다는 뜻이다. 또 “어물전 망신은 꼴뚜기가 시키고, 과물전 망신은 모과가 시킨다.”는 말은 하도 못나서 같이 있는 동료를 망신시킨다는 뜻으로, 예부터 꼴뚜기나 모과가 좋지 못한 평판을 받아 왔던 모양이다.

꼴뚜기는 오징어 사촌으로 다리(팔)를 열 개씩 가지고 있다. 여기서 우리는 오징어 다리를 ‘다리’라 하고 서양 사람들은 ‘팔’이라 표현하는데 어느 것이 더 정확한 표현인지는 모르겠다. 기능 면에서 보면 ‘팔’이 되지만 이런 것도 문화의 차이를 나타내는 예이니 독자 여러분도 한번 곰곰이 생각해 보길 바란다.

어쨌거나 오징어라는 놈은 몸통이 따로 없고 머리통에 발이 붙어 있어 두족류(頭足類)라 불린다. 꼴뚜기나 갑오징어와 함께 다리가 모두 열 개로, 다리가 여덟 개인 낙지・문어・주꾸미와 차이가 난다. 다리 중 여덟 개는 짧고 두 개는 긴데, 여덟 개는 살랑살랑 움직여 운동을 하고 길다란 두 개는 먹이를 잡거나 짝짓기를 할 때 쓴다.

그리고 오징어를 오적어(烏賊魚), 묵어(墨魚)라고 불렀다는데 둘을 묶어 풀어보면 “도적(적)을 만나면 먹물을 내뿜는다.”는 의미가 들어 있는 것 같다. 두족류의 큰 특징 중 하나는 모두 몸에 먹물 주머니를 가지고 있어 위기에 처하면 먹물을 뿌리고 내뺀다는 것이다.

그리고 몸피가 큰 고기가 공격해 올 때 이들이 먹물을 뿜는 것은 그 먹물로 적의 눈을 흐릿하게 가리자는 것이 아니라, 얄궂게도 고기가 먹물(오징어) 냄새를 맡으며 오징어를 찾아 둘레를 빙글빙글 도는 동안에 도망간다는 것이니 오징어의 생존 전략도 알아줘야 한다. 치졸한 놈이라고 욕할 수도 없다.

요즘은 교통이 좋아져서 바닷가가 아니더라도 산 오징어를 먹을 수도 볼 수도 있다. 그래서 배 따서 펴 말린 마른 오징어를 먹을 때 볼 수 있는 매부리같이 생긴 갈색인 그것이 눈이 아니라(눈은 두 개다) 입(부리)이라는 것, 또 삼각형 모양의 '그것'은 귀가 아니라 몸의 평형을 유지하는 지느러미라는 것을, 살아 움직이는 그들을 보면 알 수 있다. 천천히 움직일 때는 다리와 지느러미로 속도를 조절하지만 빨리 헤엄칠 때는 입 밑에 있는 깔때기로 물을 모아 분사시키며 잽싸게 돌진하니, 마치 제트기의 원리와 같지 않은가.

오징어는 분류학적으로 연체동물문(軟體動物門) 두족강(頭足綱) 십완목(十腕目)으로, 몸이 딱딱하지 않고 머리에 발이 붙어 있으며 다리(팔)가 열 개라는 특징을 분류학 용어에서 어렵지 않게 알 수 있다.

잠깐 다른 이야기를 하고 지나가자. 음식에도 궁합이 있어 오징어 하면 땅콩이 따라 붙는다. 동물성 단백질과 콜레스테롤에 식물성 지방이 단짝이 되어 그런 모양인데 어른아이할 것 없이 다들 좋아한다.

그런데 오징어와 땅콩을 섞어 만들었다는 과자 봉지를 잘 살펴보면 오징어를 커틀피시(cuttlefish)라 하여 오징어인 양 표기하는데, 그것은 오징어가 아니라 갑(甲)오징어이다. 그래서 정확하게 '오징어 땅콩'이아니라 '갑오징어 땅콩'이 맞다. 오징어는 squid, 문어는 octopus,

갑오징어는 sepia로 구분하지만 갑오징어를 보통 cuttlefish라고도 부른다. 사실 과자를 만든 회사를 질책할 수도 없다. 우리들이 가장 많이 보는 사전에조차 커틀피시를 오징어로 번역해 놓았으니 말이다.

여기서 잠시 갑오징어에 대해 살펴보자. 갑오징어의 제일 큰 특징은 몸 안에 딱딱한 유선형의 하얀 갑(甲)이라는 껍질(뼈가 아니다)이 들어 있다는 것이다. 조개는 껍질이 밖에 있는 반면 갑오징어는 흰색의 갑(cuttlebone)이 (껍질이) 몸 안으로 들어가 있다는 것으로, 이 갑은 탄산칼슘이 주성분이며 속에는 공기가 차 있다. 그래서 갑오징어가 물에 잘 뜨는 것이다.

이 갑을 말려 새장의 새들에게 주어 칼슘을 보충케 하기도 하고, 우리가 어릴 때는 그을음 그슬린 처마 밑에 꽂아 두었다가 손가락을 베었거나 다쳤을 때 그놈을 긁어 가루를 내 상처에 뿌리곤 했다.

오징어는 육식동물로 조그마한 새우나 게의 새끼는 물론 새끼 물고기도 잡아서 그 매부리 모양의 예리한 입으로 뜯어 먹는데, 사람 손가락도 그놈에게 걸리면 남아나질 못한다. 수조에 넣어둔 그놈들은 배고프면 제 다리는 물론이고 남의 다리까지 싹둑 잘라먹지 않던가. 그리고 오징어나 문어, 갑오징어 등은 살갗에 색소 세포가 유별나게 많아서 다른 동물이 해코지할 때나 짝짓기를 할 때 네온사인처럼 체색을 바꾼다고 한다. '바다의 카멜레온'처럼 몸의 색깔로 의사 소통을 하는 것이다.

그리고 두족류의 눈은 매우 발달하여 사람의 것과 큰 차이가 없다고 한다. 사람은 수정체(렌즈)를 두껍게 또는 얇게 하여 원근 조절을 하는데 이놈들은 눈알 전체를 오므렸다 폈다 하여 조절한다. 눈이 발달했다는 것은 곧 머리(지능)가 좋다는 뜻도 된다. 눈은 뇌의 일부분이라 할 수 있기 때문이다. 참고로 눈의 발생은 뇌의 일부분에서 시작되어 안포, 안구, 수정체, 각막의 순서로 만들어진다.

또한 두족류는 신경이 매우 굵어서 신경생리를 전공하는 사람들에게 좋은 실험 재료로 쓰인다.

두족류는 오직 바다에서만 살며 무척추동물 중에서 제일 큰 놈들로, 가장 큰 오징어의 몸길이가 18미터이고 문어는 8미터나 되는 놈이 있다. 그 큰 머리통에 길고 긴 다리 열 개 혹은 여덟 개로 흐느적거리는 몸놀림을 상상해 보면 저절로 닭살이 돋는다.

척추동물 중에서 고래가 왕이라면 뼈 없는 동물 중에서는 이들이 대장이란 뜻이니 엄청난 생물들인 셈이다. 하기야 동해안의 얕은 물에서도 필자보다 더 큰 문어가 잡히는 걸 보면 저 태평양 깊은 바다에는 더 큰 놈들이 살겠구나 싶다.

아무튼 머리가 좋다는 문어는 알을 낳아 바위 틈에 붙이고 암놈은 약 4개월간 그 알이 부화되어 나올 때까지 집을 지킨다. 그전에 산란기가 되면 수놈은 좋은 바위굴을 차지하고 암놈을 유인하는 것은 물론이고 딴 수놈들이 접근하면 사생결단을 낸다고 한다. 이때 특 히 눈에서 빛이 나고 몸 색깔도 현란하게 변하면서 웅크린 자세로 침입을 막는다고 한다. 즉, 두족류 문어도 자식 사랑이 있는 것이다.

25 누에도 잠을 자야 허물을 벗는다

몇 해 전만 해도 골목 골목에서 부르짖는 "뻔, 뻔! 뻔뻔뻔!" 소리를 듣고 꼬마들이 "아저씨, 아저씨!" 하면서 뒤따라 다니는 풍경을 자주 볼 수 있었다. 지금도 서울의 경동시장 어느 한구석에는 여느 때와 다름없이 갯고둥과 함께 김을 모락모락 내며 화석처럼 남아 있다. 외국까지 날아가서 유학생들의 향수를 달래 주었던 '뻔'은 누에나방의 번데기다. 배추흰나비의 번데기는 고치가 없이 월동을 하지만 누에나방은 고치라는 실뭉치를 만들어 몸을 보호하는데, 사람들은 이 실을 되뽑아 엮어 비단을 만드니 이것이 바로 여성들이 좋아하는 실크다. 고치 한 개에서 나오는 명주실은 1킬로미터가 넘는다. 이렇게 사람에게 옷감 주고 단백질까지 주는 놈이 세상에 또 있을까. '뻔'은 비단 그 냄새뿐만 아니라 맛도 좋아 한번 맛들이면 연습장 종이 봉지 속의 따끈한 그놈들을 이빨로 씹어 튀기면서 샛바람에 게눈 감추듯 먹어치운다.

알에서 깨어난 유충은 하루가 다르게 자라 허물벗기(탈피, 누에잠)를 네 번 한 후에 고치를 만드는데, 그 속에서 번데기(뻔)가 되었다가 25일 후면 누에나방이 되어 고치를 뚫고 나온다. 우리나라에서는 봄누에, 가을누에로 1년에 두 번 고치치기가 가능하다. 네모꼴 난 사포(砂布) 같은 종이에 알알이 뿌려 놓은 누에 씨를 면사무소에서 받아와 아랫목 따뜻한 방바닥에 놓아두면 눈도 안 보이는 누에 새끼들이 고물거린다.

고치의 한쪽을 구멍 뚫고 나온 누에의 성충인 암수 누에나방은 세찬 날갯짓을 하면서 사방을 헤매며 짝을 짓는다. 그리고 얼마 후 암놈은 가지런히 알을 낳아 붙인다. 짝짓기를 끝낸 수놈, 알을 낳은 암놈은 세상에 태어나 제 할 일 다했다고 곧 죽고 만다. 그런데 어떤 때는 누에고치에서 나방이 아닌 쉬파리가 날아 나오기도 한다. 누에를 키울 때 신경 쓰는 것이 두 가지 있으니 뽕잎에 물이 묻지 않게 하는 것이 하나이고, 다른 하나는 방문의 발을 철저하게 간수하는 일이다. 뽕잎에 물이 묻으면 누에가 설사를 하고 작은 틈만 있어도 쉬파리(영장파리)가 날아들어 누에에 쉬를 슬어 놓기 때문이다. 쉬파리는 난태생을 하는 놈이라 누에에 알이 아닌 구더기 새끼를 낳는데, 쉬파리의 유충은 누에 몸 속을 뚫고 들어가 누에의 살을 파먹고 자란다. 그리고 고치 속에 파리 번데기로 있다가 고치를 찢어 구멍 내고 날아 나온다. 별난 기생 방법의 하나인 말벌들의 생식 방법과 동일하다. 구멍 뚫린 고치에서는 명주실을 뽑을 수 없다는 것을 여러분은 알고 있을 것이다. 그래서 발을 단속하느라 누에 방에 드나들 때는 온갖 정신을 다 쏟는다.

한방에 있는 누에들이 '방귓잎(뽕잎)'을 갉아먹을 때는 그 소리가 마치 비 오는 소리 같다. 누에가 이릴 때는 뽕잎을 송송 썰어서 뿌려 주지만 얼마만큼 자라고 나면 잎째로 던져 준다. 클 대로 큰 어른 새끼손가락만 한 놈들이 잎 가장자리부터 먹어 들어가는 것을 보고 있노라면 어찌나 맛있게 뜯어 먹는지 사람도 군침이 돌 정도이다. 이렇게 먹고 싼 누에 똥 잠사(蠶沙)는 한약재로도 쓰이고 또 좋은 거름이 된다. 이렇듯 누에나방은 버릴 게 하나도 없다. 비단에 단백질, 그리고 한약에 거름까지 주니 말이다.

누에가 머리를 치켜들고 잠을 잘 때는 손을 대지 않는다. 물론 그때는 단식을 할 때다. 잠을 잔다는 말은 탈피를 하고 있다는 것을 의미한다. 네 번 탈피를 하고 나면 몸색이 누르스름해지고 탄력을 잃으며 활동이 줄어들면서 실 토할 준비를 한다. 이맘때쯤 마른 소나무 가지를 외로 얼키설키 세워 두면 가지에 기어 올라가, 투명한 실을 모가지 흔들어가며 켜켜이 덧붙여 비단 실을 얽어나간다. 이는 천적에게서 보호하려는 본능 행위이다. 누에가 허물을 한 번 벗는 것을 1령(一齡)이라 하는데, 4령 후에 고치를 짓는다. 씨알 굵은 젖송이 고치들이 소나무 위에 올라앉은 백로처럼 대롱대롱 매달린다. 고치가 익으면 겉에 묻은 거섶 나부랭이를 하나하나 벗겨 내고 소쿠리에 가득 채운다. 속 마른 번데기가 고치에 부딪히는 소리로 합창을 한다.

대부분의 곤충 유생들은 몇 번의 허물(껍질)을 벗으면서 몸이 커지는데, 그것은 껍질(외골격)이 딱딱해서 벗어 버려야 성장을 할 수 있기 때문이다. 탈피를 하는 동물은 누에만이 아니라 뱀, 가재, 새우 등도 있다. 벌레는 껍질을 벗으면서 자란다.

하지만 이제는 누에 보기가 어렵게 되었다. 겨우 명맥을 유지하는 누에도 이제는 뽕잎을 먹여 키우지 않고 알약 모양의 사료로 키운다고 한다. 소쿠리에 뽕잎 따서 마른 수건으로 한잎 한잎 닦아서 섶에 뿌려주곤 했었는데. 요새는 뽕나무에서 뽕잎이 아닌 버섯(상황버섯)을 따고 또 누에도 실을 뽑기 위해서가 아니라 당뇨병에 좋다고 약으로 키운다니, 이렇게 세월은 속절없이 많은 것을 바꿔 놓고 만다.

우리 사람(인간)은 습관의 동물이라 한번 입은 옷(길들여진 버릇)을 벗지 못하는 타성이 있다. 그래서 우리는 이들 벌레에서 배워야 한다. "구각을 벗어젖히고, 뼈대를 바꿔 끼고 태까지도 교환한다."는 환골탈태(換骨奪胎) 없이는 누에 같은 성장이 있을 수 없다. 구각을 벗는 고통을 모르고서야 어떻게 '알을 깨는 아픔'을 알 수 있겠는가. 탄생이나 생장에는 이렇게 인고(忍苦)가 따르는 법이다. 우리 모두 누에처럼 성장을 위한 '잠'이 필요한 때인지도 모르겠다.

26 잠은 피로회복 이상의 의미가 있다

"잠을 자야 꿈을 꾸지."란 말은 "하늘을 봐야 별을 따지."란 말과 같이 어떤 순서를 밟아가는 과정이 있어야 결과를 얻는다는 뜻이다. 사람들은 일확천금을 노려 잠 없이 꿈을 꾸고, 대낮에 별을 따겠다고 설쳐 대니 허황하기 그지없다.

어쨌거나 역사는 밤에 이루어진다고 했듯이 사람의 병이 낫고 키가 크는 것도 주로 밤에 일어난다. 실제로 밤 열한 시 이후에 면역성이 높아져 상처의 치유도 그때 왕성하다고 하니, 밤잠의 의미를 높이 평가해야 하겠다. 젖먹이들이 무럭무럭 자라는 것도 밤이요, 오이 · 호박 줄기의 성장도 주로 밤에 이루어진다니 '밤의 역사'는 정녕 여러 가지 뜻을 지녔다 하겠다.

실제로 염색체를 연구하는 사람들은 밤에 세포 분열을 관찰하여 그 효과를 높인다. 세포 분열 시기 중 중기(中期)가 가장 염색체 관찰에 좋은 때인데, 분열이 왕성해야 중기를 많이 찾을 수 있고 그래야 염색체의 개수나 크기, 형태 등을 쉽게 관찰할 수 있다. 그래서 세포학자들은 밤에 주로 활동한다.

사람의 탄생도 주로 밤이다. 모든 생물이 해 뜨기 전에 벌써 유전자 발현을 위한 준비를 해 놓고 있다고 하는데, '생명이 태동하는 인시(寅時, 3~5시)'란 옛 말에는 이런 과학적 근거가 있다. 여름철 호박

꽃이 피는 것만 봐도 전날 해거름녘이면 내일 아침에 필 암수꽃을 알아낼 수 있다. 꽃봉오리가 팽팽히 부풀고 노란색을 띠는데, 아니나 다를까 꼭두새벽에 나가보면 샛노란 꽃잎을 활짝 펴고는 벌써 호박벌 맞을 준비를 끝냈다. 그때는 호박꽃 피는 소리가 들린다. 밤이 준 선물인 것이다.

사람의 잠드는 과정을 보면 잠이 들 듯하다 깨고 다시 수면으로 들다가 깨어 세 번째에야 진짜 잠이 드는데, 이것은 죽어갈 때의 과정과 비슷하다고 한다. 닭의 목을 비틀어 날갯죽지 밑에 넣어 붙들고 있으면 세 번 요동을 치고야 죽는 것을 볼 수 있는데, 이 또한 사람이 죽어가는 과정과 같다. 그렇지만 이렇게 잠이 드는 것과 명이 끝나는 것이 왜 서로 비슷한지 아직까지 아무도 모른다.

그러면 잠은 왜 자는 것일까. 졸음이 오는 것을 우리는 피로 때문이라 하지만, 습관적으로 자는 시간만 되면 잠이 쏟아지는 것은 또 어떻게 설명해야 할까. 분명한 것은 사람 몸도 조수(潮水)처럼 때가 되면 잠이 오고 또 잠이 깨는 생물학적 리듬을 가지고 있다는 것이다. 우리 몸 안에 생물시계(biological clock)가 들어 있어서 새벽녘에 수탉이 제 시간에 꼭 맞춰 울 듯, 정해진 일주기(日週期) 현상이 나타난다.

그런데 잠을 자는 것은 뇌(대뇌) 피로 회복만을 위한 것이 아니다. 사실 대뇌의 피로 회복에 필요한 시간은 짧게는 70분이면 충분하다고 하니 7~8시간의 수면은 우리 몸의 모든 조직(기관)의 피로를 풀기 위한 것임을 알 수가 있다. 예를 들어 우리 몸에 분포한 13만 킬로미터나 되는 혈관도 쉬어야 한다. 잠이 들면 심장 박동은 물론이고 호흡 수도 줄어들며 모세혈관도 반이 닫혀 체온까지 떨어진다. 온몸의 대사 기능이 떨어지게 되니 그것이 잠이요, 휴식이다. 서 있거나 앉아 있을 때는 피를 위아래로 흐르게 해야 하므로 심장에 힘이 가지만, 드러누워 잠을 자면 피 흐름도 옆으로 물 흐르듯 쉽게 순환되니 심장의 부담도 덜게 된다.

그런데 잠을 자는 것을 잘 살펴보면 처음 잠이 든 자세로 있지 않고 엎치락뒤치락하며 20~30분마다 한 번씩 몸부림을 친다. 그도 그럴 것이 내장의 예만 봐도 한쪽으로 누워 있으면 그쪽만 눌려 그곳에는 피가 통하지 못하니 자꾸만 움직이는 것이다.

식물도 잠을 자고 동물도 잠을 잔다. 야행성 동물은 반대로 낮에 자고(쉬고) 밤에는 활동하는데 이 점도 재미가 있다. 주행 · 야행은 그 동물의 먹이가 주행이냐 야행이냐에 따라 결정된다는데, 이것만으로도 어느 생물이나 일만 하고 살지는 못한다는 것을 알 수 있다. 식물이 잠을 잔다는 말은 무슨 말인가. 어느 식물이나 해가 지면 이파리를 오므려 줄기 끝의 새순을 보호하는데, 그것도 식물 잠의 한구석이다. 그것보다도 식물에 밤낮으로 인조광선을 강하게 비추면(잠을 재우지 않으면) 잎, 줄기, 뿌리(영양 기관)의 성장이 촉진되어 잠자는 식물보다 훨씬 웃자라게 된다. 여기서 '웃자란다'는 말이 마음에 걸린다. 조금 더 계속해서 읽어 보자. 이렇게 키운 식물은 꽃(생식 기관)이 피고 열매가 맺는 데 문제가 생긴다. 이렇게 잠을 재우지 않아도 어떻게든 꽃이 피기는 하지만, 열매를 맺지 못한다. 실제로 어느 군부대 담벼락 아래의 논에서 수확되는 벼의 양이 줄어서 보상을 요구한 민사 사건이 있었다. 군부대에서 밤마다 대낮 같은 불빛을 내뿜어 벼가 수면 부족증에 걸렸더라는 것이다. 식물도 잠을 자야 한다. 꿈을 이루고 싶으면 잠을 자라.

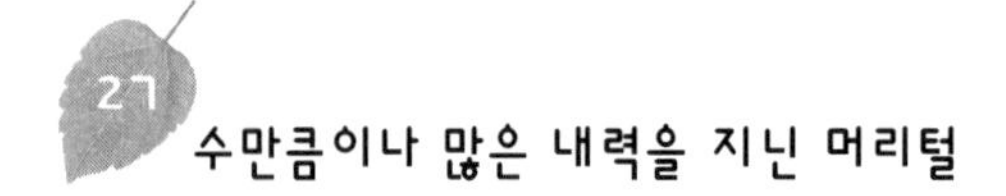

27 수만큼이나 많은 내력을 지닌 머리털

수염은 텁수룩하고 머리는 무르팍까지 치렁치렁 흩날리며 알몸뚱이 전체에 털이 보숭보숭 난 짐승을 상상해 보라. 그 동물이 바로 '정수리에 털 난', '머리 검은 짐승'인 사람이다.

보통 십만 개가 넘고 하루에 0.3밀리미터나 자라는 사람의 머리카락을 자르지 않고 그대로 두면 1미터나 자라 자기 무릎까지 내려온다. 한 번 난 머리털은 6년 정도 계속 자라다가 빠지고 그 자리에 다시 새 털이 난다. 평균 칠십 년을 살다 죽는다면 한 구멍의 머리털이 열두 번 정도를 빠지고 나고를 반복한다. 그런데 빠진 털 구멍에서 새로 털이 나지 않는 유전 형질을 가진 사람들도 있으니 바로 대머리 유전 인자(因子)를 지닌 사람들이다. 이는 고환에서 만들어지는 웅성(남성) 호르몬인 안드로겐이 많이 생기는 가계(家系)에서 주로 나타난다. 그래서 내시나 환관 중에는 머리털 적은 사람은 없었을 것이고, 사춘기가 되기 전에 거세된(한) 경우에도 대머리는 나타나지 않는다.

대머리는 남자가 많고 여자는 적은데 이렇게 남녀에 따라 다르게 나타나는(표현되는) 유전을 종성유전(從性遺傳)이라 한다. 예를 들어 남자는 두 개의 대립 인자(對立因子) 중에서 한 개만 대머리 인자여도 대머리가 되지만 여자는 두 개 모두가 대머리 인자라야 된다. 그래서 여자 대머리가 드문 것이다.

머리카락은 멋으로만 나는 것이 아니라 여름에는 빛 가리개 역할을 하고 겨울에는 열을 가둬 따뜻하게 해 준다. 또한 다른 물체에 부딪혀도 보호막 역할을 해 주기 때문에 우리 인체에서 없어서는 안 되는 중요한 부분이다. 그런데 그놈의 털도 인종에 따라 달라서 우리처럼 햇빛이 강한 온대 지방에 사는 사람들은 멜라닌 색소를 듬뿍 품어 새까맣고, 1년의 반도 햇빛을 못 보는 북유럽 사람들은 색소가 거의 없어 금발이거나 갈색이다. 또 열대 지방에 사는 흑인들은 머리가 검고 짧은 곱슬머리이다. 백인은 굵은 물결 머리지만, 우리는 거의가 곧은머리다. 털을 세로로 잘라 단면을 보면 곧은머리는 둥근꼴인 데 반해 물결 머리에서 곱슬머리로 갈수록 삼각형에 가깝다.

그리고 머리카락을 현미경으로 보면 기왓장을 포개놓은 듯한 결이 있는데, 손가락으로 뿌리에서 끝으로 잡아 훑어 보면 매끈하게 나가지만 반대로 해 보면 거칠다는 느낌이 든다. 긴 머리카락 하나를 두 손가락 위에 얹어 놓고 손가락을 좌우로 움직여 보라. 강아지풀의 꽃이삭처럼 한쪽으로만 움직여 나가는 것을 관찰할 수 있을 것이다.

또 머리카락은 물을 흡수하면 길이가 14퍼센트나 늘어나고, 수분이 없어지면 짧아지기 때문에 예민한 '습도계'로도 쓰인다고 한다. 알고 보니 머리털이 털이 아니라 고무줄이다.

어쨌거나 우리 몸 중에서 맵시 내느라 시간을 가장 많이 뺏기는 곳이 머리다. 여자의 곱게 단장한 머리가 남자의 눈을 끌듯이 윤기 나는 풍부한 남성의 그것도 체력과 생식력의 상징이 된다. 그래서 옛날에는 끈적한 포마드(pomade)를 발랐고, 요새는 스프레이를 뿌려 세우고 광을 내는 것이다. 그런데 그 머리카락을 자르(잘리)는 경우가 있다. 군인의 머리 자르기가 통일성을 위함이고 죄수의 단발이 모욕감을 주는 것이라면, 탈속자(脫俗者) 스님의 머리 깎기는 자신을 낮추는 겸손과 독신 생활을 상징하는 것이다. 또한 남성 생식력의 심벌을 잘랐으니 삭발이란 일종의 전이된 거세 행위, 자해 행위라 봐도 무방하다. 그렇다, 새로운 인생 출발을 위해서나 자기의 뜻을 관철하기 위해서 하는 단식 · 삭발은 투쟁의 뜻이 들어 있다. 그런가 하면 마주 앉은 애인 앞에서 머리카락을 매만지거나 긴 머리를 목덜미 뒤로 살짝 젖히는 여인의 속마음에는 사랑이 꿈틀거리고 있다. 그리고 어려운 문제를 풀 때도 손이 머리로 올라가고 미안할 때도 뒤통수 머리를 긁는다.

우리는 머리카락만 봐도 그 사람의 건강을 단방에 알 수 있다. 털뿌리(모근)에 붙은 기름 주머니(모낭)에서 뿜어나온 기름이 묻어 윤기 나는 머리가 있는가 하면 병마에 시달린 환자의 퍼석한 검부러기 같은 머리도 있다. 털 한 오라기에 그 사람의 건강이 들어 있다! 또 사람마다 구성이 달라서 털 몇 가닥만 있어도 범인을 잡아낸다. 언젠가 영장 발부를 통해 의심 가는 사람의 머리카락, 그것도 앞머리카락 스무 개를 뽑았다고 하는데, 이는 머리카락 아래 모근에 붙은 새살에서 DNA 분석을 하고자 하는 것이다. 머리카락이 자라는 데는 식물과 마찬가지로 양분이 필요하다. 그리고 그 양분이라는 것이 머리카락에 쌓인다. 그래서 어제 마신 술 성분도, 몰래 복용한 마약 성분도, 그 속에 들어 있으니 정말로 머리카락은 거짓말을 못 한다. 그 수민큼이나 많은 내력을 머리털은 가지고 있다. 질곡의 삶인 세월의 흔적도 거기에 파묻혀 있으니 백발이 그것이다. 아무튼 사는 것이 다 희비곡직(喜悲曲直) 덤불이 아니던가.

28 침이 가진 신통력

까악까악 아침 까마귀가 울어 대면 하늘을 쳐다보고 반사적으로 퉤퉤 건침을 서너 번 뱉었고, 통시(뒷간) 일을 보고 나올 때도 그랬다. 그리고 길바닥에 나둥그러진 썩은 고양이를 보고도 퉤퉤 침을 뱉었다. 어느 여름날 어머니가 돌에 걸려 마당에 넘어지셨을 때 다친 다리를 만지기 전에 몸을 겨우 일으켜 세우고, 넘어진 자리에다 침을 세 번 뱉으시는 것을 봤다. 다시는 그 귀신이 나를 잡아 당기지 말라는 뜻이렷다. 침은 침이 아니라 귀신 쫓는 주력(呪力)을 가진 것이라고 믿은 탓이었을까.

"침 먹은 지네."란 말이 있다. 사람의 침은 독이 있어 지네놈도 맥을 못 춘다는 뜻인데 그렇다면 뱀이나 모기, 거머리의 침은 어떤가. 그것들도 침이 제 몸을 보호하는 독이다. 그래서 뱀에 물리면 침에 의해 혈관과 신경이 망가지고, 모기에 물리면 침 때문에 가렵다. 그리고 거머리의 침은 피의 응고를 막아 버리기 때문에 장딴지에 유혈이 낭자하게 되는 것이다.

사람의 침은 세균을 죽이는 항균 작용을 하고, 혈액 응고나 발암 물질의 독성을 무력화시키는 일도 한다. 또한 프티알린(ptyalin)이라는 소화 효소가 들어 있어 다당류를 이당류로 분해하며, 치아의 성장에도 없어서는 안 되는 것이다. 그리고 바이러스도 침 앞에는 죽어 나자빠진다고 하니 말 그대로 만병통치약인 셈이다. 약이 없던 옛날에 밤새 자고 일어난 입에 고여 있는 아침 침이 약이 된다 하여 부스럼에 바른 기억이 아직도 생생하다. 그리고 그것이 버릇이 되어 지금도 진무른 데나 긁힌 자리에 침을 쓱쓱 발라 문지른다. 침은 벌레 물린 데나 곪은 종기, 그리고 작은 상처에 바르면 자연 파스요, 바이오 연고요, 천연 머큐로크롬이니, 어디나 발라만 두면 약이 된다.

그뿐인가. 할머니가 밥에 침 섞어 꼭꼭 씹어 숟가락에 다시 뱉어서 손자 입에 넣어 주니 그것이 조모의 정이었다. 요새 사람들은 놀라 자빠지고 질겁하지만 그래도 되짚어 보면 할머니 침을 먹고 자란 손자는 착하고 순하기만 했다. 침은 정녕 사람의 심성마저도 부드럽게 하는 마력을 가진 것일까.

보통 사람이 하루에 분비하는 침의 양은 1~1.5리터 정도로, 음식을 먹을 때 집중적으로 흘러 나온다. 물을 많이 마시면 침도 많이 분비되기 때문에 '목에 침이 마르도록' 이야기를 할 때는 물을 마신다. 긴요한 일을 할 때면 긴장을 푸느라 목을 축이고 시작한다. 맛있는 음식을 보거나 냄새만 맡아도 침을 흘리게 되는 것은 대뇌의 조건 반사라는 것도 우리는 알고 있다. 정신이 없어 일의 두서를 잡지 못할 때 "침 뱉고 밑 씻겠다."고 하는데, 바쁜 세상 살다 보면 그런 일이 다반사로 일어나고 '입에 침도 안 바르고' 생거짓말을 해야 하는 때도 더러 있다.

그런데 이 '주력과 신통력(?)'을 가지고 있는 침도 함부로 뱉으면 벌금을 물게 되니 이제는 침도 아무 데나 내놓아서는 안 되는 세상이 되었다. 누가 밭두렁에 가래침을 뱉는다고 잡아갔던가. 산꼭대기에 지게 던져 놓고 손바닥에 침 그득 뱉어 손가락으로 가운데를 내리쳐서 많이 튀어간 곳으로 지게 자리 잡아 풀 베고 나무하던 시절도 있었고, 해 지면 저녁밥 먹고 사랑방에 둘러앉아 손바닥에 침 퉤퉤 뱉아가면서 새끼를 꼬았고, 손바닥에 땀이 말라 낫 자루가 미끄러지면 또 그것을 발라 잡아 나뭇가지를 자르기도 했다.

어쨌거나 나이를 먹으면 침도 땀도 마르게 된다. 그런데 왜 눈물은 그렇게 흐르는 것일까. 늙으면 몸도 망령이 들어 나와야 할 곳에서는 안 나오고 필요 없는 곳에서는 흘러 넘친다. 젖먹이 아이놈들은 저렇게 침도 넘쳐 흐르고 눈물도 싸건만. 늙으면 눈물이 많이 흐르는 것은 눈물 주머니 자체에서 눈물이 많이 흘러서가 아니라, 코로 통하는 누관이 막혀서 코로 들어가지 못하고 밖으로 흘러 넘치기 때문이다. 늙으면 그 관을 뚫어 놔도 곧 막혀 버리기 때문에 그저 흘려야 하지만 어린아이들은 뚫어 줘서 눈물이 코로 흐르게 해 줘야 한다. 그 작은 관(구멍) 하나가 막혀도 병이라 하니 얼마나 우리 몸이 정교하게 만들어졌는지 알겠다. 바둑판에 있는 그 많은 돌 중 어느 하나 필요 없는 것이 없듯이 눈물 구멍 하나가 그렇게 귀한 '돌'이다. 그리고 한껏 울고 나면 눈물은 물론이고 콧물도 많이 흘리는데 알고 보면 그것이 콧눈물인 셈이다.

다음 글은 고려대학교 화학과 진정일 교수가 쓴 침에 관한 이야기이다. 좋은 글이라 여기에 옮겨 같이 읽어 보고자 한다.

> 모기에 물려 가려운 피부를 긁어 급기야 시뻘겋게 부풀어 올라도 연고 하나 사 바를 수 없었던 시절, 긁지 말고 열심히 침을 바르라고 하시던 할머님의 말씀이 생각난다.
>
> 그렇게 하면 신통하게도 부기와 가려움이 없어지는 것을 확인할 수

있었다. 침이 소독약이라고 어렴풋이 헤아리던 기억은 나만의 경험이 아니리라 믿는다. 정말 침이 소독 작용을 할까. 그렇다면 침 속에는 무슨 성분이 들어 있어 그런 작용을 할까.

우리 입 속은 항상 침으로 젖어 있다. 음식물을 씹으면 침이 섞여 부드럽게 만들 뿐 아니라 소화도 도와준다. 이뿐만이 아니라 침은 그 이상의 일을 한다. 병원균을 포함해 많은 유해 물질이 우리 입을 통해 몸 안으로 들어온다. 그렇다고 해서 이들 병원균 때문에 우리가 매번 병에 걸리지는 않는다. 이는 바로 침의 소독 작용 덕분이다.

십여 년 전에 발표된 한 보고서에 따르면 침은 단순히 소독 작용만 하는 것이 아니다. 곰팡이에 들어 있는 발암성 물질인 아프라톡신 B_1과 일부 음식물이 탈 때 생기는 벤조피렌 등을 거의 100퍼센트 비(非)활성화시키는 능력을 갖고 있다. 여러 가지 다른 독성 물질도 무력화시킨다. 건강한 사람의 침에는 효소가 열 가지 이상, 비타민이 십여 가지, 무기원소가 십여 가지 들어 있다. 이 밖에도 호르몬, 단백질, 포도당, 락트산, 요소 등 침에는 참으로 여러 가지 화합물이 섞여 있다. 이 중에서 과산화물을 분해시키는 효소 퍼옥시디아제와 비타민 C가 침의 소독 효과를 두드러지게 한다.

우리는 어릴 때부터 음식물을 열심히 씹어 먹으라는 충고를 듣는다. 음식물을 잘게 씹으면 침이 골고루 섞여 소화를 도와준다. 뿐만 아니라 음식물과 함께 섞여 있는 여러 가지 병원균에 대해 침이 소독 작용을 발휘할 수 있는 기회를 얻게 된다.

따라서 침은 한 손에는 소독의 창을, 다른 한 손에는 소화의 칼을 들고 있는 믿음직한 인체의 수문장이라고나 할까. 현대의학의 관점에서 보면 얼마나 추천할 만한 방법인지 의문이 가겠지만, 손가락을 베어 피가 나면 얼른 피를 짠 후 상처에 침을 바르도록 하던 우리 선조들의 오랜 처방법이 그럴듯하게 느껴진다.

손가락을 베었을 때 혹시 들어갔을지도 모를 병원균을 밖으로 내몰기 위해 피를 짜고 상처를 핥아 소독하도록 한 지혜로운 민간 의술이 아닌가 싶다.

신기하게도 개나 고양이 같은 동물도 상처에서 피가 나면 그곳을 열심히 핥는다. 이들도 본능적으로 침의 소독 작용을 알고 있다는 뜻일까.

29 코가 제각각으로 생긴 것은

코가 높다, 콧대를 꺾는다, 코대답한다, 코방귀 뀐다, 코에서 단내가 난다, 코 베어갈 세상이다, 등 코에 얽힌 말들이 이렇게 많은 것을 보면 코는 사람들이 무척 중시했던 몸의 부분이었던 모양이다. 사실 코는 얼굴의 중앙에 우뚝 솟아 얼굴이 예쁘냐, 미우냐를 결정하는 중요한 것임에 틀림없다.

보통 말해서 서양인들은 코가 커서 '코쟁이'라 한다. 아프리카 원주민은 있는 둥 마는 둥한 '납작코'요, 우리는 그 중간에 드는 야트막한 둔덕 코빼기를 가지고 있다. 그러면 왜 이렇게 인종마다 코가 다르단 말인가. 좁은 우리나라에서도 지역에 따라 골상(骨相)이 다 다르고 코도 조금씩 차이가 난다. 모든 생물은 오랫동안 제가 사는 곳의 환경의 영향을 받아 유전 인자가 바뀌고, 이것에 의해 모양이나 크기가 결정된다고 하니 사람의 코도 마찬가지일 것이다.

코가 하는 일은 무척 많다. 우선 생리적인 것만 보면 바깥 공기를 체온과 비슷하게 만들어 허파에 넣어 주고, 또 비강(鼻腔)에서 계속 분비되는 수분으로 습도 높은 공기를 만들어 역시 폐에 넣어 준다. 허파는 따뜻하고 습도 높은 공기를 좋아한다. 그래서 한겨울에는 찬 공기를 피하기 위해 입마개를 하고, 한여름 메마른 대낮에는 코 밑에 침을 바르고 찬물을 문지른다. 북유럽같이 추운 지방 사람들은 라디

에이터(radiator)처럼 열을 내어야 하기에 코가 크고 길며, 덥고 건조한 곳의 아랍인들은 에어컨같이 차고 습도 높은 공기를 만들어야 하니 코가 펑퍼짐하면서도 콧대가 우뚝 솟고, 덥고 습도가 높은 열대 우림 지대의 검은 사람들은 코가 작고 납작하다. 우리처럼 온대 지방 사람들은 말 그대로 적당하다. 코 하나에 대해서도 온도와 습도가 결정권을 갖고 있다니 환경이 무섭기는 무섭다. 한 생물을 보고 그놈들의 살아온 삶터를 어렴풋이 짐작할 수 있는 것도 이런 이유에서다.

코는 공명기로도 매우 중요하다. 코를 잡고 소리를 내어 보면 단번에 알 수 있고, 감기에 걸리면 제 음색이 나지 않는 것도 공명기에 고장이 났기 때문이다. 여기서 고장이 났다는 것은 바이러스나 세균의 침입을 받은 점막이 부어올라 공명기의 틀이 바뀌었다는 것을 말한다. 그리고 외국어를 아무리 잘해도 말 그대로 본토 발음과 똑같이 하기가 어려운 것은 코의 크기와 구조가 다르기 때문이다. 특히 비음이 많은 프랑스어는 그래서 더욱 어렵다. 콧속에는 털이 송송 나 있고 끈끈한 액이 촉촉이 묻어 있어서 들어가는 공기 중의 먼지를 거르는 필터 역할을 하고, 굳으면 딱지가 생기는데 그것이 코딱지다. 코털이 문 밖까지 나와 있는 것도 볼썽 사납지만 그렇다고 그것을 죄다 뽑아 버리는 것도 좋지 않다. 이발소의 점수 매김에 이 코털 자르기가 들어간다.

혀로 맛을 볼 때는 크게 네 가지 맛밖에 못 보는 데 반해 코는 일만 가지 이상의 냄새를 구분한다고 하니 굉장히 예민한 감각 기관임에 틀림없다. 이 코로 술 냄새를 맡거나 화장품 내음을 구별해서 먹고 사는 사람들도 꽤 된다. 그런데 코는 예민한 반면에 빨리 피로를 느낀다. 예전에 중 · 고등학교의 겨울 교실은 도시락 냄새로 진동을 했다. 교실에 막 드신 선생님께서 냄새 난다고 창문을 열라고 호통을 치신 후 얼마 안 있어(코가 그 냄새에 피로해져) 창문 닫으라 하셨다. 냄새를 못 느끼게 되는 것, 그것이 코의 피로인 것이다.

코의 예민도는 동물에 따라 다르다. 사람들이 주로 눈으로 알아내는 것에 비해 개는 코나 귀로 냄새와 소리를 통해 알아낸다. 그래서 냄새를 잘 맡아내는 사람을 개코라 하지 않는가.

그런데 옛날 서양 사람들은 콧구멍을 '영혼의 길'로 봤다고 한다. 그래서 옆에서 엣취, 재채기만 해도 당신에게 신의 은총이(God bless you!)라고 죽음을 걱정해 주곤 했다. '이현령 비현령(耳懸鈴 鼻懸鈴)'이란 말이 있는 것을 보면 동양에서도 코와 귀에 멋내는 방울을 달았던 모양이다.

그리고 숨을 쉬면서 코로 드나드는 공기의 흐름을 곰곰이 살펴보면 들숨보다 날숨의 속도가 빠르다. 천천히 들어와서 빠르게 나가는 것은 왜 그럴까. 이것은 가능한 이산화탄소가 많이 든 호기(呼氣)를 멀리 날려 보냄으로써 신선한 것을 계속 빨아들이겠다는 것이다. 호흡 이야기가 나와서 하는 말인데 "호흡을 같이 한다."는 말은 내 몸을 한 바퀴 돈 공기가 당신의 코로 들어가 한 바퀴 돌고 나와서 다시 내 코로 들어온다는 뜻이 된다. "부부는 닮는다."고 하는데 그것도 먹는 것이 같고 잠자리도 같이 하여 밤새도록 서로 공기를 맞바꾸어 숨을 쉬니 서로 살결도 생각도 닮아가는 것이다. 친구의 우정도 그렇다. 서로가 얼마나 자주 그리고 많이 코를 통한 공기(가스)를 교환했느냐가 우정의 농도를 결정하는 것이리라. "보지 않으면 정이 멀어진다."는 말도 알고 보면 서로의 공기 교환 정도를 말하는 것이 아니겠는가. 묘한 일이다. 아무튼 조붓이 뚫린 숨통 구멍으로도 코는 하는 일이 많다. 콧구멍이 아래로가 아니라 위로 열려 있었다면 어떤 일이 일어났을까 하는 기우(杞憂)도 가끔 해본다. 기우는 기(杞)나라 사람이 "하늘이 무너져 내려앉지 않을까 걱정을 했다."는 고사에서 나왔다고 하던가.

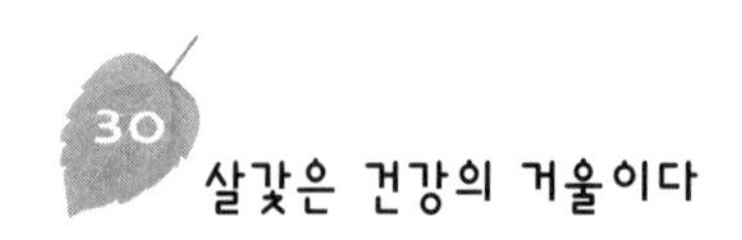

30 살갗은 건강의 거울이다

한 사람의 피부를 보면 그 사람의 건강 정도를 가늠할 수가 있다. 바람만 불어도 상처가 날 것 같은 여린 살갗이 있는가 하면 뱀가죽을 두른 것 같은 사람도 있고, 기름기가 자르르 흐르는 윤기 넘치는 피부가 있는가 하면 퍼석퍼석 메마른 피부도 있다. 부드럽고 윤기 있는 어린이의 살갗도 세월이라는 풍화 작용에는 쇠가죽처럼 마냥 딱딱해지고 코끼리 껍질처럼 거칠어진다. 그래서 살갗은 곧 나이의 리트머스요 시계이다. 아무리 늙지 않으려 해도 세월을 거슬러 갈 수는 없기 때문이다. "늙음을 가시로 막고, 오는 백발 막대로 치려고 했더니 백발이 제 먼저 알고 지름길로 오더라."라고 했다. 생로병사(生老病死)요, 생자필멸(生者必滅)이다. 곱게 늙는다는 말은 피부를 잘 간수한다는 뜻도 된다.

피부는 세균이나 바이러스의 침입을 차단하는 중요한 구실을 할 뿐더러 몸에서 수분이 나가는 것을 막는 일도 한다. 화상이라도 입으면 세균들이 쳐들어와 득실거려 진물이 나고 고름이 생기니, 멀쩡한 피부를 갖는다는 것이 얼마나 중요한가를 알 수 있다. 촉촉한 물기가 배어 있는 것도 살갗이 수분 증발을 막아 주기 때문인데, 물에 사는 동물은 몸에서 수분이 날아가는 것을 걱정하지 않아도 되지만, 땅에 사는 모든 동물은 항상 수분을 빼앗길 위험에 놓여 있다. 그래서 피부가 두껍게 케라틴층을 이루어 수분 증발을 막는 것이다.

때수건을 버리자!

때수건으로 빡빡 문질러 목욕을 하면 피부가 상하고 건조해진다. 필자가 어릴 때만 해도 찬 바람 부는 가을부터 초여름까지 목욕 한번 못 하고 지냈고, 그 사이에 제사나 들고 설이나 다가와야 쇠죽솥에 슬쩍 데운 물을 뒤집어쓰는 목욕재계를 했을 뿐이다. 요새는 흔하고 흔한 게 목욕이라 시도 때도 없이 비누칠하고 수건으로 때를 벗기니, 부족한 것도 문제였으나 과한 것도 큰 탈이 되고 말았다. 피부과 의사의 말을 빌리지 않더라도, 비누를 많이 사용하는 것만으로도 피부에 해를 줄 수 있으니 꺼칠한 수건으로 문지르는 것은 더욱 삼가야 할 것이다. 목욕탕에 가서도 때는 벗기는 것이 아니라 그저 녹이는 것이라 생각하고 부드러운 수건에 비누칠하여 전신을 슬슬 문지르기만 하자. 타성과 버릇이란 무서운 것이라, 수세식 화장실을 사용하고 있음에도 불구하고 재래식 화장실을 사용할 때처럼 화장지를 모으는 집이 있듯이, 아직도 때수건으로 때가 아닌, 막말로 껍질을 벗기는 사람이 있다. 여기서 껍질이란 각질층을 말하는 것으로, 정말로 살갗 보호에 필요 불가결한 것이니 제발 제 손으로 제 살을 벗기지 말기 바란다. 젖먹이 아이를 목욕시킬 때 언제 때수건으로 그렇게 문지르던가? 이제는 탕에 드는 일은 때를 불리기 위함이 아니라, 혈액 순환을 빠르게 해 피로의 산물인 젖산을 간에서 빨리 분해시키기 위함이라고 생각하자. 한 달에 겨우 한 번 하던 우리 식의 목욕은 이제 그만 하자.

햇빛의 자외선은 세포를 상하게 하기 때문에 오랫동안 볕을 쬐면 피부에 멜라닌 색소가 생겨 차단막을 만들게 된다. 그래서 연년세세 뜨거운 태양을 받는 인종은 그것이 유전형질화되어 검은 흑인이 되었고, 햇빛에 굶주려 엄동설한에도 햇빛만 보면 속옷까지 훌떡 벗어 제치는 곳에 산 사람들은 백인이 되었다. 그리고 어중간한 곳에 산 사람들이 바로 우리이다. 흑인 한 사람의 피부에서 멜라닌을 모두 모아 보면 찻숟가락 하나도 안 된다고 하는데 검둥이, 흰둥이, 노랭이로 나누어 사람을 차별하고 업신여기니, 사람이란 참 용렬하기 짝이 없다. 독뱀이 친구 뱀을 물어 죽이는 것을 본 적이 없다. 기린이 뒷다리질 한번 하면 코끼리도 나자빠지지만 끼리끼리 싸울 때는 발길질을 하지 않고 목 싸움으로 그친다. 어디 사람같이 못된 동물이 있는가. 총 · 대포 · 원자탄 · 수소탄으로 같은 종을 죽이는 동물은 그놈들 밖에 없다. 그래서 휴먼 애니멀(human animal)이다.

피부에 미치는 자외선은 양날의 칼과 같아서 많으면 세포를 죽이고 심하면 피부암을 일으키지만, 부족하면 비타민 D가 만들어지지 못해서 뼈가 부실해지고 심하면 곱추가 된다. 그러니 이제는 바닷가에 가서 피부를 태워 세포를 죽이지 말아야 할 것이고, 여름 한철은 가능한 그늘에서 지내는 것이 좋다. 외출하는 여인들은 양산을, 뙤약볕에서 궂은 일을 하는 사람은 큼직한 밀짚모자라도(더워도) 써야 한다. 어쨌거나 우리는 태양이 풍부한 곳에 살게 된 것만도 감사해야 할 것이고, 겨울 햇빛 부족으로 비타민 D 일약을 먹이야 하는 저 극지방 사람들에 비하면 행복이 뻗친 셈이다.

우리의 내장인 오장육부에 탈이 나면 엉뚱하게도 얼굴에 부스럼이 생기는 것을 보면 살갗이 건강의 거울임에 분명하다.

31 수염에 불이 나도 느긋하게

"수염이 대 자라도 먹어야 양반."이고 "나룻이 석 자라도 먹어야 샌님."이라는 말이 있다. 여기에는 풍채를 돌보아 체면만 차려서는 안 된다는 뜻이 들어 있는가 하면, 예전에는 양반이나 샌님이 수염을 길렀다는 뜻도 들어 있다. 이처럼 남자의 수염은 권력, 체력과 사내답다는 정력의 상징으로 통한다. 턱을 내밀기만 해도 공격적이고 위협적으로 보이는데 거기에 억센 긴 털까지 텁수룩하면 더더욱 위엄 있어 보인다.

그 수염도 머리털 같아서 건강한 사람은 빳빳하고 기름기가 흐르나 병약한 사람의 것은 맥 빠지고 퍼석퍼석하다. 그리고 그것도 건강한 사람은 빨리 자라고, 늙고 병들면 더디게 자란다. 건강하면 온몸의 세포 분열이 빠르기 때문에 그렇다는 것을 우리는 잘 알고 있다.

남자의 수염은 남성 호르몬인 테스토스테론의 힘을 받아 생긴 2차 성징이다. 호르몬이라는 요정의 향수가 털 나는 시기를 결정 짓는다는 것을 우리는 안다. 그것은 고환(睾丸)에서 만들어지는 것으로, 수퇘지에게는 숫냄새를 내게 하므로 거세(去勢)를 시켰다. 사람 중에서도 환관들은 고환 기능이 중지되어 수염이 없다.

2차 성징은 사람이 아닌 닭에서도 나타나는데 암수가 다른 것을 통틀어 2차 성징이라 한다. 수탉은 볏이 크고 싸움 발톱이 길고 예리

하며 깃털도 길고 색이 고운데, 그러한 것들이 바로 2차 성징에 해당한다. 그런데 어린 암탉에다 수탉 호르몬을 계속 주사해 키워 보면 수탉 닮은 암탉이 되고, 그 반대의 경우는 암놈 닮은 수놈이 된다고 한다. 사람도 여자가 늙어 할머니가 되면 코 밑에 거뭇한 수염이 나는데 폐경기가 지나 자성 호르몬인 에스트로겐(estrogen) 분비가 줄어 그런 것이고, 간이 몹시 나빠진 남자는 유방이 커지는데 그것은 남자에게도 생기는 여성 호르몬을 간이 분해하지 못하기 때문이다. 어쨌거나 호르몬으로 인해 암수가 구별이 된다는 말인데, 여담으로 그놈의 닭벼슬보다 못한 벼슬도 벼슬이라고 그놈을 좇다가 패가망신하는 수가 즐비하다. 수탉도 볏이 크면 클수록 싸움에 불리해 물려 뜯겨서 피가 줄줄 흐르는데도 암탉한테 잘 보이겠다고 그것을 키운다.

그런데 남자들이 면도를 하는 이유는 무엇일까. 막 면도를 한 푸르스름한 남성의 턱이 여성에게는 아주 매력적이라고 하는데, 그래서 털을 깎는 것일까. 아무튼 수염을 깎음으로써 얼굴이 곱살하고 젊고 단정하게 보여 남에게 호감을 준다. 그렇지만 죽음이 내일 모레인 환자도 아침 면도를 하는 것을 보면 그 짓이 얼마나 본능에 가까운 행위인지 알 수가 있다. 필자는 채집을 하러 가는 날에는 수염을 깎지 않는 버릇이 있다. 어떤 때는 떠나기 며칠 전부터 기르기 시작한다. 이는 강한 햇빛(자외선)을 받아 얼굴이 타는 것을 예방하자는 것이다.

사실 얼굴의 털은 얼굴을 보호하자고 생긴 것인데 그것도 무시하고 사람들은 멋에만 정신이 팔려 피부를 다치게 하면서까지 수염 다듬기에 열을 올리고 있다. 우리 몸에 생겨난 것들은 다 이유가 있어서 거기에 있는 것이다.

수염을 깎고 기르는 것도 시대와 종교에 따라 다르다. 또 사람에 따라서도 히틀러의 얍체 수염, 카이저의 위엄 있는 수염, 굴레 수염, 텁석부리 수염 등 다양하다. 그리고 콧수염만 기르는 사람들이 있는가 하면 턱에만 쬐금 붙여 두는 사람도 있다. 사실 이들은 모두 수염을 싹 깎아 버리는 사람보다 훨씬 더 신경을 써서 다듬는다. 2년간 수염을 자르지 않고 그대로 두면 30센티미터가 넘어 배꼽까지 내려 뻗으니 손질을 안 할 수가 없다. 그래서 사람의 실상(원래 모습)은 머리카락이 무릎까지 치렁거리고 수염이 가슴팍을 덮은 꼴인데, 자꾸만 만지작거려서 지금의 허상으로 있는 것이다. 긴 수염 사이로 막걸리 한 사발 부어 넣고 입가의 털에 묻은 하얀 방울들을 손으로 쓱 문질러 버리는 여유 있는 행동에서는 어른이 아닌 늙은이의 삶의 여백을 느끼게 된다. 절대로 칠칠치 못한 노인의 조야(粗野)한 모습이 아니다. 천착하지도 않다. 의연함이 거기에 들어 있다.

수염은 분명히 어른스러움을 나타내는 또 다른 상징이다. 고등학교 때만 해도 터럭 몇 개가 뾰족이 염소 수염처럼 솟아나면 그놈을 뽑아 버리곤 했다. 하나 빼고 나면 두 개가 난다는 거짓말에 속아서 말이다. 그때는 몰랐지만 그것이 다 어른이 되고 싶은 본성의 발로였다니, 지금 생각하면 우습기조차 하다.

손자가 할아버지 수염을 뽑는 것은 재롱으로 받아 넘기지만 안기부 지하실에 끌려간 정치범(?)의 수염 뽑히기는 최고의 모욕이 아니었던가. '수염의 불끄듯'이란 말은 조금도 지체 못하고 성급하게 후닥닥 서둘러 일을 처리하는 경우를 비꼰 것인데, '참느라 수염이 자라'는 한이 있어도 조금은 느긋하게 지내야 할 것이다.

이날 이때까지 온갖 신산(辛酸)을 겪으며 살지 않은 사람이 어디에 있겠는가. 눈물 젖은 빵, 누룽지를 먹어 보지 않은 사람은 삶을 논하지 말라고 했다. 고통만이 영혼을 승화시킬 수 있다. 아름다운 육체를 위해서는 쾌락이 있지만, 아름다운 혼을 위해서는 고뇌가 있다.

그저 산다는 것은 참음인 것이다.

32 머리와 몸통을 잇는 목

사람의 목을 뜯어보면 머리와 몸통을 연결하는 것으로 안에 일곱 개의 뼈가 들어 있고(모든 포유류의 목뼈는 일곱 개이다) 그것을 살이 싸고 있다. 돼지는 목이 너무나 커서 몸통과 구분이 되지 않는데, 사람 중에서도 목이 굵고 짧아 그 동물을 빼닮은 이가 있다. 안에는 뇌와 심장으로 오가는 굵은 핏대가 세로 지르고, 입에서 위(胃)에 이르는 밥줄이 들어 있으며, 코와 허파를 연결하는 목줄이 뻗어 있다.

"살다 보면 목에 핏대 올릴 일이 한두 번이겠는가"라는 말이 있는데 여기서 핏대란 혈관을 말하는 것으로, 동맥은 저 안에 들어 있어 보이지 않지만, 뇌에서 염통으로 내려가는 핏줄인 정맥은 밖에 있어 눈에 힘 주면 툭 불거져 보인다. 농담을 잘하는 어떤 사람이 '혈죽(血竹)'을 올리지 말라 하기에 처음에는 어리둥절했으나 돌려 생각해 보니 그 말이 '핏대'라는 것을 의미했다. 해학은 가끔 생활의 활력소가 된다. 웃음 제조기가 곧 위트 아니겠는가.

목줄은 숨관(기관)을 말하는데 맑은 공기가 허파로 내려가고 묵은 공기를 올려 보내는 통로로, 목을 매면 피나 산소가 뇌로 가지 못하는 극한 상황이 되어 곧 죽게 된다. 그리고 여기서 가래도 만들어 내는데, 가래는 기관지 벽에 수없이 많이 난 섬모가 전기 빗자루처럼 세차게 운동해, 기관지에서 분비한 점액과 섞인 먼지나 세균을 위로 모아 보낸 것이다. 밥줄은 식도를 일컫는 것으로 음식을 위로 내려 보내는 일을 한다. 가끔 과음 · 과식을 했을 때는 반대로 이동케도 하는데 이것을 역연동 운동이라 하며, 목이 막힌다고 한다. 윤활유 역할을 하는 침이 충분히 섞이지 않은 음식은 식도를 미끄러지듯 내려가지 못하고 빽빽한 느낌을 주면서 천천히 움직인다. 알사탕이 그대로 넘어가 버렸을 때도 뻐근한 느낌이 들면서 이동하는데, 거기서 우리는 식도가 지렁이 움직이듯 연동 운동(꿈틀 운동)을 한다는 것을 알 수 있다.

목의 해부학적인 구조상 남녀가 조금씩 다르다는 것도 흥미롭다. 겉으로 보이는 가장 큰 특징은 남자에게는 툭 튀어나온 아담의 사과(Adam's apple)라는 후골(喉骨)이 있다는 것인데, 이브가 준 원죄의 사과를 먹다가 목에 걸려 그렇다니 그렇게 믿어 두자. 그럼, 아담을 꼬드긴 이브도 사과보다 작은 능금 정도의 흔적은 있어야 공평하지 않을까. 아무튼 후골 안에는 성대가 들어 있는데 남자의 것이 돼지목, 황소목이라면 여자의 것은 가늘고 길어 백조(학)목이거나 사슴모가지 형상이다. 그리고 남자는 어깨가 넓고 가슴통(흉강)이 커서 목이 짧지만, 여자는 가냘픈 어깨뼈에 숨통이 작아서 목이 긴 편이다. 어린 소녀 시절부터 목에다 놋쇠 고리를 차곡차곡 쌓아 올려 긴 '기린목'을 한 미얀마 여성들을 보면 별짓을 다 한다고 생각되지만, 그게 다 멋이라고 하니 여자는 남자와 다른 무엇을 가지고 있는 모양이다.

남자와 여자의 또 다른 차이를 울대에서 찾을 수 있다. 남자의 성대 근육은 굵고(두껍고) 길이가 긴 데 비해, 여자는 짧고 얇아 비교적 가늘고 부드러운 소리를 내고 앙칼진 소리도 낸다. 성대는 소리만 내는 기관이 아니라 건강이 스며 있고 지능도 박혀 있다. 전화로 상대방의 음성만 들어도 그 사람의 건강 상태를 짐작할 수 있고, 말하는 소리만 들어 봐도 지능을 어느 정도 알아낼 수 있다. 지능을 눈으로 뿐만 아니라 소리로도 알 수 있다는 것을 경험으로 알고 있다. 실은 몸놀림 하나만 봐도 알 수가 있다. 한 사람의 지능은 외모에 55퍼센트, 음성에 38퍼센트가 들어 있다는 기록이 있는데, 여기서 외모란 주로 눈빛을 말한다. 그리고 녹슨 소리가 아닌 강한 진동이 있는 또랑또랑한 음성 속에 머리가 숨어 있다는 것이다.

우리는 말을 하지 않고 몸 움직임만으로도 의사소통을 한다. 알겠다는 뜻으로 고개를 앞뒤로 끄덕이고, 거부나 부정에는 가로로 젓는데 그 짓을 빨리빨리 하면 지긋지긋하다는 의미가 되기도 한다. 실제로 말 못하는 아이들이 목을 가장 많이 쓴다. 싫다는 부정을 표시할 때는 도리머리를 흔들고 기분이 좋으면 머리를 끄덕인다. 예, 아니오를 표시하는 것도 목뼈의 관절 움직임인데, 그것을 잘하라고 어릴 때부터 도리도리를 가르친다. 일곱 개의 목뼈 중 가장 위에 있는 것이 앞뒤로 움직여 예를, 두 번째 것이 옆으로 흔들려 아니오를 한다는 것도 알아 두면 좋다. 한쪽 옆으로 젖히면 의문이 있다는 것이고, 푹 숙이면 항복이나 존경한다는 것이며, 뒤로 홱 젖히면(펄쩍 뛰면서) 승리를 표현하는 것이다. 이렇게 몸으로 말하는 기술이 발달한 경우는 다민족 국가로서 언어소통이 어려울 때 그러한데, 우리는 그렇지 않아 무표정하다는 말을 듣는다. 목 근육이 발달하지 못했다는 말이 통할는지 모르겠다.

아무튼 어린아이는 제 목을 가누지 못해 잠이 오면 목에 힘이 빠져 젖혀지고, 죽는 사람도 모가지에 맥이 빠지면서 머리를 떨군다. 목에 당찬 힘이 들었을 때가 정말로 건강한 것이다.

33 소변검사 · 피검사의 의미

누구나 하루 세끼 밥 먹고 중간중간에 물 마시며, 명이 끝날 때까지 그렇게 살아간다. 그리고 먹고 마신 후 그것들이 우리 몸(세포)에서 쓰이고 남은 찌꺼기는 대변과 소변이라는 이름으로 나온다. 알고 보면 음식을 먹는 것도 중요하지만 대변과 소변이 제 시간에 술술 빠져 나오는 것도 얼마나 중요한지, 설사나 변비에 걸려 보면 그때 알게 된다. 지저분한 이야기가 절대로 아니다. 변의 색은 어떤 것을 먹었는가에 따라 조금씩 달라지고, 색이 좋아야 한다. 건강진단을 할 때도 문진표에 대변이 무른지, 변비가 있는지 묻는가 하면 피가 묻어 나오는지, 자장면같이 검은색인지를 묻는다. 변색이 검은 초콜릿색이라면 내장 출혈이 있었다는 것으로 일단은 암을 의심해 볼 수 있다.

건강할 때의 대소변 색깔은 한마디로 누르스름한 '똥색'인데, 이것은 적혈구가 파괴되어 나온 빌리루빈(bilirubin)이란 색소 때문이다. 빌리루빈은 진할 때는 녹색을 띠나 물에 희석되면 누르스름해진다. 적혈구는 등뼈나 골반과 같은 큰 뼈의 골수 속에서 만들어져 120일 정도 산소를 운반하는 일을 하고 간이나 지라(비장)에서 파괴되는데, 이때 헤모글로빈의 부산물로 빌리루빈이 만들어진다. 그리고 이것이 피를 타고 가서 콩팥(신장)에서 걸러져 방광에 모여 나가면 노란 소변이 된다. 보통 때보다 물을 많이 마시면 소변색이 묽어지고 운동을 하여 땀을 많이 흘리면 소변이 짙어져서 진노란색을 띠는 것이다. 또한 비타민을 먹고 나면 색이 더 노랗게 되는데 그것은 리보플라빈(riboflavin)인 비타민 B_2의 색이다.

적혈구의 수명이 120일 정도라고 했는데 사실 적혈구만 살다가 죽는 게 아니라 대부분의 우리 몸 세포들이 죽고 새로 만들어지는 과정을 계속 반복한다. 살갗에 생기는 때도 죽은 세포가 떨어져 나온 것으로, 밑에서 새 것이 나서 헌 것을 밀어 올린 것이다. 80일이 지나면 지금 내가 가지고 있는 세포의 반은 죽고 새 것이 나, 그 이후면 반(半) 새 사람이 된다.

간에서 생긴 빌리루빈 색소는 쓸개 주머니(담낭)에 모였다가 쓸개관을 타고 작은창자의 첫 번째 부분인 샘창자(십이지장)로 일정하게 배설되는데, 음식이 위에서 내려오면 더 많이 분비된다. 그러면 이것이 위(胃)에서 내려온 음식물과 섞여 똥색을 띠게 된다. 만일 간에 병이 생겨 쓸개액(담즙)이 제대로 샘창자로 빠져 나가지 못하고 몸 안을 돌게 되면 피부의 색깔은 어떻게 변하겠는가. 그것이 곧 얼굴이나 눈의 흰자가 누르스름해지는 황달이요, 황달이 생겼다는 것은 곧 간에 이상이 있다는 것을 의미한다. 또 쓸개관(담관)이 막혀서 쓸개즙이 배출되지 못하면 노란색이 아닌 석회 같은 흰 똥을 누게 된다. 다시 말하지만 알고 보면 똥색이 건강의 가늠자 역할을 하는 것이다. 그리고 400가지가 넘는 가스가 들어 있는 방귀도 창자가 튼튼할 때 붕붕 뀌게 된다. 수술 후에 그것이 나오길 얼마나 기다리는가. 창자가 드디어 움직이기 시작했다는 신호이기에 그렇다.

쓸개즙은 직접 소화에는 작용하지 않으나 간접적으로 지방의 소화를 돕는다. 그래서 간에 병이 생긴 사람은 쓸개즙의 분비가 수월치 않아 지방이 소화가 되지 않기 때문에 '기름기 있는' 음식을 먹지 말라고 하는 것이다. 사실 쓸개는 음식의 소화에 절대적이지 않기 때문에 고장 나면 수술하여 떼내는 일이 흔해, 세상에는 '쓸개 없는 사람들'이 많다. 주책을 부린다고 명이 줄지 않듯이 그것이 없어도 생명에 큰 지장은 없다.

이런 예로 적혈구가 파괴된 색소인 빌리루빈을 이해하는 것도 좋겠다. 우리 몸의 일부에 타박상을 입었을 때 처음에는 벌겋게 부어올라 아프다가 며칠이 지나면 그 자리가 누르스름하게 바뀌고, 나중에는 황갈색을 띠다가 색깔이 없어지는 것을 보았을 것이다. 우리 몸은 어딘가에 부딪히면 그 충격으로 실핏줄이 파괴되어 피가 흘러나와 벌겋게 붓게 되고, 그곳에 모인 적혈구가 파괴되어 생긴 빌리루빈이 상처 부위를 누렇게 변화시킨다. 시간이 지나면서 많은 세포들이 잘라진 실핏줄을 잇고 죽은 세포나 적혈구 시체를 내보내 말끔히 상처를 낫게 한다. 좀더 구체적으로 말하면 상처 난 자리의 빌리루빈도 피를 타고 콩팥으로 가서 소변으로 내보내지는 것이다. 이 소변 속에는 배설물(주로 요소) 말고도 비타민, 무기염류 등이 녹아 있어 자기 소변이나 손자 오줌을 마시는 사람도 있다고 한다. 그리고 그것은 몸의 구석구석을 돌아보고 온 놈이라 그놈들에게 몸의 어느 기관이 어떤지 물어보게 되는데 그것이 소변검사라는 것이다. 그리고 소변검사보다 더 정확한 것이 피라서 병원에서는 입원 환자의 피를 하루에도 몇 번씩 뽑아다 분석한다. 그런데 나이 60이 넘은 필자 같은 경우는 하루에 뭇 기억이 담겨 있는 뇌세포가 삼십만여 개나 녹아 소변으로 쏟아져 나가지만 어떤 기억이 나가는지 알지 못한다. 그래서 망각이라는 현상이 벌어진다.

여기서 개략적으로나마 똥 오줌의 색은 적혈구가 부서질 때 생긴 빌리루빈 색소로 결정된다는 것을 알았을 것이다. 대소변이 사람의 건강을 담보하고 있다는 말이다.

34 흐르는 콧물에 바이러스도 떠내려간다

감기라는 손님은 시도 때도 없이 찾아오고, 때문에 어른 아이 가릴 것 없이 애를 먹는데 독한 유행성 감기라도 들라치면 병원 약국에 줄달음질을 친다.

유행성 감기의 주범은 바이러스로, 공기나 손을 통해 코나 눈으로 들어가 코 안과 숨관(기관)의 점막 세포를 파고들어 세포를 허물면서 번식을 계속한다. 그래서 우리 몸은 한판 전투를 벌이게 되는데, 침입자를 무력화시키고 쫓아내기 위해 온갖 수단을 동원한다. 백혈구나 항체는 돌격대로 동원되고, 체온을 올리는 화공법은 물론이고 콧물 · 가래 분비라는 수전(水戰)까지 펼쳐진다. 바이러스라는 놈들은 묘한 놈들이라 저 혼자는 못 살고 반드시 살아 있는 세포에 침입하여 숙주세포에 구멍을 뚫고 단백질 껍질 속에 든 핵산을 쏟아부어서 번식을 하는데, 그때 임자 몸 세포를 다치게 하거나 죽게 한다. 여기에서 핵산이란 DNA와 RNA를 말하는데, DNA를 가지고 있는 DNA 바이러스와 RNA를 가지고 있는 RNA 바이러스로 나뉜다. 바이러스는 모두가 반드시 산 세포에 기생하여 번식한다는 뜻인데, 아주 간단한 구조로 되어 있어(단백질+핵산) 다른 고등 세포와는 판이하게 다르다. 그래서 흔히 생물과 무생물의 중간 세포라 말하기도 한다. 그리고 체내에 들어오면 곧바로 정상 세포에 들어가 버리니 요놈만 골라 죽이기가 힘들다. 즉, 멀쩡한 세포는 죽이지 않으면서 바이러스란 놈만 골라 죽이기는 어렵다는 것이다.

병원균이 침입하면 몸은 단방 알아차리고 체온을 높여 세균이나 바이러스의 대사를 억제한다(바이러스는 높은 온도에 약해 맥을 못 춘다). 따라서 감기에 걸려 열이 난다고 곧바로 해열제를 먹어 열을 낮출 필요는 없다. 체온이 올라가는 것도 병원균이 살지 못하도록 하기 위한 작전이다. 물론 고열에도 무조건 참으라는 뜻은 아니다. 뇌세포는 열에 약하기 때문에 고열은 위험하다. 그때는 전문가의 치료를 받아야 한다.

또 감기에 걸리면 콧물이 폭포(?)처럼 쏟아지고 가래도 많이 나오는데, 이것도 감기 바이러스를 씻어 내는 중요한 생리 현상이다. 흐르는 물은 썩지 않듯이 감기에는 콧물을 흘려야 한다. 코 푸느라 코 밑이 아파도 좀 참고 흐르게 내버려 둬야 건강에 좋은 것이다. 이것을 모르고 조금만 조짐이 이상하면 병원이나 약국으로 달려가 주사 맞고 약을 사 먹는다. 박테리아(세균)보다 작은 바이러스를 죽이는 약이 언젠가는 개발될 것이나 아직은 못 찾고 있어 안타깝다. 세균만을 잡아먹고 사는 박테리오파지라는 바이러스도 있는데, 모든 바이러스는 하도 작아서 전자현미경으로나 겨우 보일 정도이다.

우리들이 먹는 감기약은 바이러스를 죽이는 약이 아니다. 열을 내리게 하고 콧물을 덜 나오게 하며 염증 예방과 통증을 줄이는 일만 할 뿐이다. 그래서 되도록이면(건강한 사람은 절대로) 감기 약은 먹지 않는 것이 좋다. "병은 나았는데 환자는 죽었더라."는 말이 있다. 이 말을 뒤집어 보면 어떤 약에나 독이 있고 부작용(뒤탈)이 반드시 있다는 뜻이다. 병을 낫게 하는 것은 내 몸이지 약이 아니다. 약은 보조 역할을 할 뿐이다. 내 몸의 자가 치유 능력을 믿고, 약에 대한 맹목적인 과신은 절대 금물임을 알아야 한다.

그러면 감기에 덜 걸리는 방법은 없을까. 공기 중에 감기 바이러스가 떠다니는데 숨은 쉬어야 하니 안 걸릴 수는 없는 노릇이다. 남·북극같이 추운 곳에는 온도가 낮아 바이러스가 살지 못하기 때문에 감기가 없다. 아마 모르긴 해도 열대 지방에서도 그놈들은 맥을 못 출 것이다. "여름 감기는 개도 안 걸린다."는 우리말도 잘 뜯어보면 여름 더위에 바이러스가 약하다는 뜻일 것이다. 그런데 우리 시골에서는 왜 감기에 '개좆대가리'라는 욕을 썼는지 지금도 그 이유를 모르겠다. 뭐니 뭐니 해도 가장 좋은 예방법은 손을 자주 비누로 씻는 것이다. 감기의 반은 손으로 옮는다니 하는 소리다. 크는 어린 아이들이 어른보다 자주 감기에 걸리는 것도 균 묻은 손으로 눈이나 코를 자주 만지기 때문이라 한다. 바이러스는 눈, 코 등으로도 들어간다.

병에 걸리지 않고 건강하게 사는 기간을 합쳐서 '건강 수명'이라 부르는데, 남녀가 똑같이 거의 50세로 평균 수명을 70으로 잡아 보면 20년 넘게는 병과 함께 살아야 한다. 여자가 남자보다 10여 년을 오래 산다지만 건강 수명은 비슷하다고 하니, 그래서 여자는 잔병이 많은가 보다.

병은 손님 같아서 왔다 가곤 하는데 집에 어떻게 손님이 오지 않을 수가 있는가. 소문만복래(笑門萬福來)요, 집에 손님이 많아야 복을 받는다. 병은 조수 같아서 몸에 밀려왔다가 쓸려 나가곤 하는 것이다. 모두가 병을 친구 삼아 살아가는 여유가 필요하다 하겠다.

담배는 백해백익, 술은 금상첨화

세상에서 정말로 오래 사는 장수형인 사람들은 술 · 담배를 즐긴다는 공통점이 있는 것을 보면 이것으로 그리 호들갑을 떨 일이 아니지 않나 싶다. 미리 말하지만 담배는 몸(체세포)에는 나쁘지만 넋(뇌세포)에는 좋아 백해백익하고, 술이라는 놈은(지나치지 않으면) 양쪽 모두에 좋으니 금상첨화다.

술은 예부터 약이 되는 것이라 해서 약주(藥酒)라 불러 왔는데 그 화학적 분자식은 C_2H_5OH이고, 에틸알코올 또는 에탄올이라 부른다. 적당하게 마시면 가장 부작용이 적은 약이 술이다. 모르긴 해도 씹지 않고도 그 좋은 약이 목구멍으로 술술 잘도 넘어간다고 '술'이라 부르지 않았을까 싶다.

술은 쌀을 쪄서 고두밥인 술밥을 만든 후 큰 항아리에 물을 붓고 누룩(효모 덩어리다)과 잘 배합해 섞는다. 이것을 안방 구들막에 들여놓고 헌 이불을 감아 덮어서 이틀 정도 놔두면 부걱부걱 거품이 솟으며 괴기 시작한다. 참고로 고두밥은 물기가 매우 적은 밥으로, 아이들은 아주 좋아하며 인도 사람들처럼 손으로도 먹는다. 그런데 술 담그는 것도 경험이 필요하여 잘못 단속하면 술동이도 까탈을 부린다. 아무튼 이 무렵이 되어 엄마 몰래 손가락을 살짝 쑤셔 넣어 맛을 보면 달콤하다. 그러나 시간이 지나면서 한층 아래로 가라앉고, 항아리아가리에 코를 가져다 대보면 술내가 진동하기 시작한다. 거기에 용수를 틀어 박아 맑은 술 뜬 것이 청주요, 찌꺼기 막 거른 것이 막걸리다. 그리고 마지막 남은 지게미는 사카린을 섞어 끓여 먹었으니 구황 식품으론 으뜸이었다. 지금은 쌀이 많아 집에서도 담아 먹으나 옛날에는 그것을 밀주라 하여 들키면 잡혀가 벌금을 물어야 했다. 보통 단속반원들은 술도가와 짜고 누구 집에 술이 있다는 밀고를 받고 알고 찾아오기 때문에, 들이닥치면 치이기 마련이었다. 아득한 옛날 얘기가 아니다.

여기까지를 생물학적으로 보면, 고두밥은 녹말이라는 다당류이고 이틀 후의 단맛은 이당류인 맥아당이나 단당류인 포도당으로 분해가 일어난 것으로, 모두 효모 속에 들어 있는 효소가 발효(분해)를 시킨 것이다. 그리고 포도당이 더 분해되면 알코올이 된다. 또한 알코올이 들어 있는 술지게미를 정종병에 집어 넣어 부뚜막에 놓아두면 초산균이 발효를 시켜 식초가 된다.

여기서 하나 볼 것은 우리 몸에서 가장 빠르게 에너지를 내는 것은 다당류인 밥, 이당류인 설탕이나 엿, 단당류인 포도당, 알코올, 식초 중 어느 것일까 하는 것이다. 밥에서 식초까지 가면서 중간 중간을 잘게 썰어 놨기에(가수분해라 한다) 식초가 가장 빨리 열과 힘을 내고, 그 다음으로 술, 포도당순이다. 포도당 주사를 맞는 것보다 한잔 마신 약주가 더 빨리 에너지와 열을 낸다는 말이다.

이제 한잔 마신 술의 운명을 풀이해 보자. 술은 이미 밥이 여러 단계의 분해를 거친 것이라(침, 이자액, 창자액이 해야 할 일을 효모가 다 해 놓았다), 위에 들어가면 사람의 소화 효소가 필요 없이 바로 흡수된다. 그리고 피를 타고 흘러가 온몸의 각 세포를 뚫고 들어간다. 물론

위 아래 작은창자로 내려가서 흡수되는 것이 대부분이나, 위벽에도 흡수되고 또 알코올 분해 효소가 있어서 알코올로 자르기 시작한다. 보통 남자가 여자보다 위벽 효소를 훨씬 더 많이 분비한다고 한다. 술이란 이렇게 씹을 필요도 없고 소화 효소도 필요 없는 영양소 그 자체인 으뜸 식품이다. 세포 하나하나에 들어간 C_2H_5OH는 다시 복잡한 과정을 거쳐 아세트알데하이드라는 중간 대사물을 만들면서 이산화탄소와 물로 잘리고, 열(에너지)을 낸다. 머리와 몸에 술기운이 돌면 세상이 동전만 하게 보인다. 사실 술을 많이 마신 다음의 숙취(골때리기)는 이 아세트알데하이드 때문으로, 요녀석이 간을 상하게 한다(간에서 분해하기에).

그런데 알코올을 분해하는 데는 알코올 가수 분해 효소(ADH)와 알코올이 분해되어 생긴 부산물인 아세트알데하이드를 분해하는 아세트알데하이드 분해 효소(ALDH)가 있어야 한다. 그런데 이들 효소를 만드는 유전 인자(유전 인자의 명령으로 복잡한 과정을 밟아 만들어짐)가 없어 이 효소를 만들지 못하는 사람들은 소주 한 잔에도 몸을 비틀고 취해 버린다. 이것을 '알코올 분해 효소 결핍증'이라 부르는데, 이런 사람들은 간에서 술을 분해하지 못해 핏속에 계속 남아 돌게 된다. 그러다가 결국 콩팥에서 걸러져 알코올인 채로 나가게 된다. 그런 사람들은 아무리 마시는 연습을 해도 새로 유전 인자가 생기지 않는다.

코가 비뚤어지게 마셔 대는, 알코올 분해 효소가 철철 넘치는 나와 한 잔 술에 취해 버리는 그들 중 과연 어느 쪽이 행복한지 모르겠다.

36 스트레스, 필요 존재에 대한 이야기

요즘 들어 가장 많이 듣는 단어 중의 하나인 스트레스(stress). 물체가 외력의 작용에 저항하여 원형을 보존코자 하는 힘, 즉 물체 내부의 각 부분 간에 미치는 합력(合力) 등으로 원론적인 설명이 가능할 것이다. 사람도 물체이고 보면 외력의 작용에 저항하여 원형을 보존하려고 애를 쓰는 것은 사실이다. 그리고 그 외력이 강하고 오래 계속되면 우리는 이를 "스트레스 받는다."라고 하며 심할 때엔 '스트레스 증후군'이라는 말까지 동원한다. 이젠 우리에게 생경하게 느껴지지 않는 낡은 말이 되어 버렸다.

알고 보면 제일 무서운 것이 스트레스로, 고무줄이 계속해서 한껏 팽팽하게 당겨진 상태와 비유가 된다. 고무줄도 탄력이 있을 때는 늘어났다 줄었다 하여 좋지만 그렇지 못하면 나중에는 힘을 잃어 끊어지는 수가 있으니, 그것이 바로 병이 났다는 증거이다. 사람이 긴장 상태에 있다는 것은 곧 자율 신경 중 교감 신경이 긴장되어 있어 에피네프린(아드레날린)이 계속 분비되고, 이로 인해 근육이 긴장되어 위를 포함한 내장의 운동력이 떨어지고 심장박동과 호흡이 증가되는 상태를 의미한다. 아주 피곤하거나 불안 · 초조 · 고민을 할 때가 바로 그런 경우로, 심하면 소화불량 · 위염 · 장염 등으로 비화하게 된다. 이런 때는 위액도 보통 때보다 많이 분비되어 조절 능력을 잃고 위벽이나 십이지장벽에 구멍을 내니, 곧 위궤양이나 십이지장궤양이 되는 것이다. 그래서 위나 십이지장 병은 '신경성'이라 한다. 알기 쉽게 이야기 하면 독사와 맞닥뜨리면 물리느냐 죽이느냐로 초긴장을 하게 되는데, 이때가 교감 신경이 극도로 흥분된 상태다.

그런데 독사와의 대치 상태가 풀리고 안도감에 접어들면 온몸의 긴장도 풀리고 깊은 한숨을 내쉬게 되는데, 이때는 심장이나 허파도 운동 속도가 줄어든다. 바로 부교감 신경이 교감 신경보다 그 기능이 항진(亢進)된 때로, 아세틸콜린이란 물질이 더 많이 분비되는 것이다. 바닷물이 드나들듯 우리의 몸은 하루에도 헤아릴 수 없이 교감 · 부교감 신경이 교대로 윗자리 아랫자리를 왕복하면서 신체의 평형을 유지한다. 자율 신경이란 뇌와 척수에서 나온 신경들 중에서 내장에 분포하는 것들을 말하고, 몸 밖에는 뇌 신경과 척수 신경이 분포하여 외부의 자극을 느낀다. 여기서 뇌와 척수를 중추 신경이라 하고 교감 · 부교감 신경, 즉 자율 신경과 뇌신경, 척수 신경을 통틀어서 말초 신경이라 부른다. 그런데 내장에 퍼져 있는 자율 신경은 말 그대로 대뇌의 지배를 받지 않고 스스로 조절한다는 특징이 있다. 위를 우리 마음대로 움직이지 못하고 심장 박동을 천천히 할 수도, 빠르게 할 수도 없는 것은 자율 신경들이 알아서 하기에 그렇다. 거기에는 신경에서 분비하는 분비 물질이 중요한 몫을 한다. 여기서 하나 새로운 사실을 발견하게 되는데, 만일 내장 하나하나가 하는 일을 대뇌가 맡아서 했다면 대뇌의 피로 회복 시간인 잠도 자지 못 할 뻔했다. 심장 뛰는 것을 잊어 버리고 잠이 든다면 어떻게 되겠는가. 우리 몸이 참 대단하게 만들어져 있다는 것을 느끼게 하는 대목이다.

그러면 스트레스는 정말로 몸에 해롭기만 한 것일까. 만일 외력의 작용이 없다면 어떻게 될까. 아마 저항하여 원형을 보존하려는 힘이 떨어질 것이고, 그래서 몸은 탄력을 잃게 될 것이다. 나이가 들수록 뜀뛰기, 달리기, 등산을 하라고 권한다. 힘에 맞게 운동을 한다는 것은 바로 몸에 스트레스를 주는 것이다. 책을 한 권 읽었다는 것도 뇌가 강력한 스트레스를 받는 것이고, 그래서 적당한 스트레스는 필요한 것이라는 결론에 다다르게 된다. 우리 육체나 정신은 적당한 강약의 스트레스를 받을 때 더 큰 긴장도 이길 수 있기에 스트레스라는 것을 너무 두려워 말아야 한다. 스트레스를 적당히 받아서 스트레스 호르몬이 분비되는 것은 건강의 알약인 셈이다. 작은 문제를 침소봉대하여 큰 병이나 걸린 것처럼 호들갑을 떠는 것은 곧 자살 행위에 지나지 않는다.

긴장이라는 것이 얼마나 중요한 것인지 한 번 더 살펴보자. 아침에 일어나 갈 곳이 없는 무직자와 출근에 쫓기는 사람 중 어느 쪽이 더 긴장되어 있는지 우리는 안다. 그리고 운동을 하면(스트레스를 받으면) 뼈와 근육에 탄력이 생기고 피도 건강을 찾는다. 무슨 말이냐 하면, 운동을 하면 적혈구 수가 증가하여 세포에 산소를 많이 공급한다는 것이다. 보통 남자의 적혈구 수는 피 1세제곱센티미터에 500만 개이고 여자는 450만 개인데, 운동을 계속하는 여성은 남성보다 더 많은 적혈구가 생긴다. 운동은 폐활량을 늘려 준다고 하는데 이것은 곧 적혈구를 늘리는 것이기도 하다.

그러면 스트레스는 어떻게 풀어야 할까. 적당한 운동에 충분한 수면과 고른 섭생은 물론이고 자기를 이길 수 있는 믿음이 있어야 한다. 그러나 그게 말처럼 쉽지 않다. 그래서 술과 담배가 있다. 나쁘다 나쁘다고만 할 일이 아닌 것이, '공인된 마약'이 버젓이 있고, 그것을 사람들이 탐닉한다는 것은 그것의 존재 가치 때문이다. 무조건적인 배척 · 배격만이 능사가 아니다. 그것의 의미를 되새겨볼 필요가 있다. 담배를 피우는 사람은 미치지는 않는다고 하던가. 그리고 미친 사람은 담배를 피워야 한다고 한다. 술도 그것의 사촌뻘이다.

37 찜통 여름 나니 연탄가스 걱정이

모질고 질긴 여름을 요행히 넘기고 나면 이제는 되게 시린 겨울이 우리를 기다리고 있다. 살이 내리고 뼈를 깎는 겨울이 아닌가. '가진 자'들은 더위는 파도 속에서, 추위는 눈 위에서 즐길 수 있으나 그렇지 못한 사람들은 찜통 여름이고 동태 꼴이 되어야 하는 겨울이다. 길고 짧고, 잘생기고 못생기고, 있고 없고의 양면성을 누가 만들었단 말인가.

이제는 잘살든 못살든 대부분 기름이나 가스를 연료로 사용하지만, 나무나 연탄을 사용할 때는 '연탄 사고'가 겨울을 알리는 신호요, 소식 중의 하나였다.

석탄은 지금부터 약 삼억 년 전 고생대 석탄기에 살던 양치식물(고사리 식물)이 지각 변동으로 땅속에 묻혀 지압과 지열을 받아 된 화석 연료로, 이것을 막장에서 캐내어 가루 내고 황토 섞어 스물한 개(옛날에는 구멍이 열아홉 개라 십구공탄이라 했다) 구멍을 뚫어 만든 것이 연탄이다. 알고 보면 그것은 숱한 광부들의 뼛가루 으깨 빚은 것이고, 지금도 강원도 사북에서 고통 속에 살고 있는 진폐증 환자들의 피와 땀이 탄 것이다.

이제는 석유가스에 밀려나 말 그대로 '화석'으로 남아야 할 석탄이 되어 간다. 그러나 한편 잘된 면이 있다. 석유가 고갈되는 날 또 파먹으면 될 터이니 말이다. 미국은 들판이나 바다에 석유가 무진장으로 매장되어 있으나 훗날을 바라보고 사다가 쓴다고 한다. 황금은 묻어 두는 것.

연탄은 한번 불이 붙으면 진득하게 탄다. 게다가 화력 좋기로는 어느 것도 따라올 수가 없다. 그러나 모든 것에는 앞뒷면이 있듯이 연탄이 뿜어내는 연기(가스)는 강한 독이 있어 사람의 목숨을 뺏는 것은 물론이고, 철판까지도 구멍을 낸다.

연탄이 탈 때 나오는 가스는 황화수소(H_2S)와 일산화탄소(CO)가 대표적인 주성분인데, 구리구리한 냄새가 나는 것은 황화수소로, 모든 금속 성분을 부식시킨다. 그리고 일산화탄소는 방 틈새로 솔솔 새어 들어 핏속의 적혈구와 결합하여 사람의 목숨을 앗아간다.

적혈구는 산소를 운반하는 심부름꾼

적혈구가 파괴된 것이 대소변을 노랗게 하는 것이라는 이야기를 했는데, 여기서는 적혈구(붉은 피톨)는 산소(O_2)를 운반하는 심부름꾼이라는 것을 설명하겠다.

우리가 한시도 쉬지 않고 숨을 쉬는 것은 허파에서 적혈구가 산소를 받아 몸의 모든 세포에 빨리빨리 운반하도록 하기 위함이다. 산소는 세포 생리에 너무나 중요한 원소로, 그것 없이는 세포 호흡이 일어나지 못해 세포가 죽게 된다.

세포가 죽는다는 말은 무슨 뜻인가? 피를 타고 세포에 간 산소는 세포 속의 미토콘드리아에 들어가서 역시 피를 타고 온 양분을 천천히 태워 열과 힘을 내게 한다. 이것을 산화(酸化)라 하는데, 산소가 세포에 공급되지 못하면 양분이 타지 못해 열과 힘을 내지 못하므로 체온은 내려가고 맥을 못 추게 되어 죽는 것이다. 기름이나 연탄이 타는 것은 빠른 산화라서 뜨거운 열이 나지만 생물체 몸에서는 산화가 천천히 일어난다는 차이만 있을 뿐, 둘 다 산소가 다른 물질을 태우는 산화이다.

그러면 '연탄가스 중독'은 어떤 현상인가. 방에 스며든 일산화탄소는 방 안에 있는 산소보다 적혈구 속에 있는 헤모글로빈과의 결합력이 200배나 크다는 데 핵심이 있다. 방에 산소가 충분히 있으나 일산화탄소가 헤모글로빈과 모두 결합해 버려 산소는 있으나마나 한 꼴이 되고 마는데 이것이 곧 연탄가스 중독이다. 그래서 몸에는 산소가 공급되지 못해, 특히 산소에 가장 예민한 뇌가 치명적인 상해를 입게 되고, 다행히 깨어나 생명은 건졌다고 해도 뇌를 다쳐 정상적이지 못한 경우가 많은 것이다.

중독 환자는 빨리 병원으로 옮겨 고압 산소통에 넣어 치료를 해야 하는데, 이 기계의 원리는 산소의 농도가(압력이) 높은 통 속에 환자를 넣으면 지금까지 헤모글로빈과 결합되어 있던 일산화탄소가 쫓겨나고, 그 자리에 산소가 달라붙게 되는 원리를 이용한 것이다. 가볍게 중독된 환자는 언제 그런 일이 있었냐는 듯이 곧 생기를 찾게 된다. 심하면 토하고 더 심하면 생명을 잃는다. 옛날에는 연탄가스에 중독되면 방문을 열어 젖혀 맑은 공기를 쐬고 동치미 국물을 마셨고, 나중에는 일보 전진하여 식초 냄새를 맡곤 했다. 연탄가스를 사용하기 전에는 쇠다리미에 숯불을 놓아 쇠를 데워 다리미질을 했었는데, 작은 방이라 단방에 머리가 아파오고 토하기도 했으니 바로 일산화탄소 때문이었다.

높은 산에 오르면 기압이 떨어져(산소 분압도 같이 적어진다) 현기증을 느끼게 되는데, 이 모두가 산소 부족에서 오는 연탄가스(일산화탄소) 중독과 같은 현상이다.

어쨌거나 하 세월이 좋아 다리미도 전기다리미로 쓰게 되었고, 대부분의 사람들이 기름이나 가스로 난방을 하게 되었으니 대복(大福)을 받았다.

38 잡초 뽑기에 뼈가 휜다

사람이 농사를 짓기 시작한 때는 길고도 먼 옛날이다. 한 사람이 100년 씩 살고 죽는다면 100세대가 되는 것이 1만 년인데 그 동안에 농경사회에서 출발, 산업화를 거쳐 지금까지 너무도 빠른 문화의 흐름을 겪어 왔다. 그런데 무릇 인류는 그 동안 무엇과 싸워 왔는가라는 엉뚱한 질문에 답이 막힌다. 사실, 그 긴긴 세월 먹이(양식)를 얻기 위해서 식물의 잡초와 동물의 곤충들과 싸워 왔고, 알고 보면 지금도 그들과 전투를 계속하고 있다. 그렇다면 곤충부터 한번 간단히 보고 여기서는 잡초 죽이기 얘기를 주로 하겠다.

필자가 초등학교 다닐 때까지만 해도 농약이라는 것이 없었다. 농약이 처음 나왔을 때 보자기에 농약 가루를 넣고 논에 가서 부분부분 멸구 먹은 곳에 탁탁 채어서 하얀 약을 뿌린 기억이 어렴풋이 남아 있다. 지금은 농약을 무자비하게 뿌려 대는데 모두가 곡식이나 채소, 과수원의 벌레(곤충)를 죽이기 위한 것으로, 그냥 두면 그놈들한테 먹이를 빼앗기기 때문에 사람한테도 해로운 줄 알면서도 어쩔 수 없이 그렇게 뿌린다. 보리, 밀에는 농약을 뿌리지 않기 때문에 감자에도 그런 줄 알았더니, 무당벌레가 잎 조금 갉아먹는다고 농약 비를 뿌려 몰살시키는 것을 보고 인간이 너무 욕심이 많다는 생각을 했다. 태산보다 무거운 생명을 홍모(鴻毛)보다 가볍게 여기는 무감각한 인간들의 생명 경시 사상이 가증스러울 때가 너무도 많다. 어쨌거나 농약이 없는 농사를 위해 옛날로 돌아가려는 유기농법을 장려하는 분위기에 필자도 한껏 고무되어 있다. 옛날 내 어릴 때의 농사법 그대로 말이다. 유기농법을 하면 아무래도 해충(곤충)에게 조금 나눠 줘야 하니 수확량이 줄 것이라는 것은 우리가 다 아는 바다. 배부른 소리 한다 하겠지만 곤충들과 나눠 먹는 여유와 양심을 갖는 게 옳다. 이 지구는 사람만이 먹고 살라는 곳이 아니라는 것을 잊지 말자. 현실과 이상이 사뭇 다르다는 것을 알면서도 하는 허튼소리다. 그런 정신이라도 가져야 옳기에 하는 말이다.

농약은 그렇다 치고, 어쩌자고 시골 논두렁 밭두렁에는 불도 지르지 않았는데 그렇게 벌겋게 타 있단 말인가. 골목길은 물론이고 하물며 마당까지도 제초제 폭탄을 맞아서 풀 이파리가 흉물스럽게 타서 나자빠져 있다. 꼭 원자탄을 맞은 꼴이다. 내 어릴 때만 해도 논밭두렁의 풀은 아침저녁으로 쇠꼴로 베었고 대문 앞의 풀은 맨손으로 뽑았다. 그래도 풀이 못 견디게 길길이 날뛰면 소금을 뿌려서 숨을 죽이곤 했다. 제초제는 농사짓는 데는 신비스런 약이라 하겠으나 뿌리는 동안에 해를 주고, 마시는 물이나 지하수에 스며들거나 곡식이나 과일에 남아(잔류 농약) 대단히 해롭다. 차라리 골목이나 마당가의 풀을 길길이 자라게 그대로 두는 편이 백 배 낫다. 고속도로 변에도 그 짓을 해서 눈을 피곤하게 한다. 강아지풀도 좋고, 망초・달개비도 좋다. 그대로 두어서 야생화라도 보게 두라. 한국도로공사 사장께 꼭 전하고 싶은 말이다.

그래도 대문 앞 잡초는 어떤 일이 있어도 뽑아 왔는데, 아마도 잡초가 우거지면 집안에 잡귀가 든다거나 게으른 집이라고 낙인 찍히

게 될까봐 두려워 그랬던 것 같다. 아침부터 그놈 뽑기를 했으니까.

사실 인간의 역사는 모두가 잡초와의 싸움이었다고 할 수 있다. 김매기에 손이 부르트고 다리가 굽고 허리가 휘어졌으니까 말이다. 농업을 시작하면서부터 논밭매기라는 잡풀과의 치열한 싸움이 전개되어 왔다. 기본적인 싸움은 풀과 시작했고 나중에는 곤충과 일전을 벌였는데 아직도 풀과 벌레라는 두 적과 사람은 싸우고 있으며, 역사가 있는 한 이 전쟁은 계속될 것이다.

여름 뙤약볕 흙 더위에 밭매느라 얼굴이 붉게 익었고, 대나무 토막으로 골무를 만들어 열 손가락 끝에 맞춰 끼고 미끈한 논바닥을 후벼 파는 세벌 논매기도 정말로 괴롭고 힘이 들었다. 밭에서는 호미, 곡괭이로 뽑고 쳐내니 바랭이, 방동사니, 쇠비름, 비름이 나자빠진다. 뽑아도 뽑아도 보름만 지나면 다시 채마밭 두덕을 차지하고는 고추·가지·참깨가 먹을 양분을 제가 가로챈다. 그래서 밭 한번 매는 것이 똥거름 한번 주는 것보다 낫다고 한다. 필자가 어릴 때는 비료도 없었고 소변, 대변, 퇴비로 한 유기농법 그대로였다. 똥이 금이었고 개똥도 모아 거름하던 그 시절 이야기를 하고 있다. 그때는 밭에서 뽑은 잡풀도 그대로 버리지 않고 모아서 집으로 가져가 소, 돼지 먹이고, 남는 것은 따로 말려 모기 쫓는 모캣불(모깃불) 피우는 데 썼다. 요새는 논밭 매는 사람 못 봤고, 농사는 짓지 않고 내버려 둬서 밭뙈기들은 묵정밭이 되고 논들은 피 반 벼 반이다. 차를 타고 가다가도 그 꼴을 볼라치면 괜스레 미안한 생각이 들어 고개를 돌리고 만다. 한 뼘 땅이라도 늘리겠다고 굵은 돌 골라가며 밭자락 구석배기 파기를 얼마나 했었는데. 요새 농사는 제초제와 비료가 한다 해도 과언이 아닐 것이다. 하지만 논밭을 매지 않아도 수확은 옛날의 2~3배가 되니

할 말도 없다. 비료, 농약 외에 종자 개량도 증산에 큰 몫을 했다. 누가 뼛골 빠지게 풀 뽑느냐고 하는 데는 유구무언이고 "좋은 세상이다."란 말이 힘없이 목구멍에서 새나온다.

비름 · 방동사니 · 바랭이를 잡초라고 괄시하지만, 벼 · 보리 · 배추 · 콩도 한때는 들판이나 산자락에 흐드러지게 퍼져 살던 잡풀이 아니었던가. 이것들은 수없이 개량되고 선택되어 약하게 된 놈들이라 야생초에게는 못 당한다. 그래서 사람이 도와 주지 않으면 종자씨밖에 건지지 못한다. 결국 잡초가 목장을 하루 아침에 뒤덮는다는 말이 되고 마는 것이다.

아무튼 지구의 인구는 늘어만 가니 지구가 이들을 먹여 살리느라 힘이 몹시 든다. 인간은 지구의 약탈자가 아닌가. 그래서 식량 증산은 절체절명의 인류 사업으로, 맨손 노동으로 잡초를 뽑는 일에서 제초제 같은 화학 약품을 개발했다. 그랬더니 그것이 되레 인간에게 해를 미친다는 약점이 발견되었다. 이렇게 해서 환경에 무해하고 정해진 식물만 제거하며 성장기에 한 번만 뿌리면 좋을 제초제 개발에 눈을 돌리게 된다. 사실 지금 쓰는 제초제는 필요한 몇 종을 제외한 거의 모든 식물을 죽이고 연중 몇 번을 쳐야 하며, 환경을 결딴내고 사람에게도 직접 해를 미친다는 단점이 있다. 이들 화학 물질 때문에 남자의 정자 수가 줄어 들어 남성 불임의 원인이 된다는 논문도 발표되고 있는 실정이다.

그래서 제초법이 내 어릴 때의 육체 노동에서 근래 쓰는 화학 물질 사용법을 지나 이제는 생물 방제법으로 넘어가고 있다. 다른 말로 하면 미래의 제초제인데 첫 번째는 곰팡이를 이용하는 '곰팡이 제초제' 이고, 두 번째는 식물을 갉아먹고 사는 곤충을 대상으로 '곤충 제초법'을 활용한다는 작전이다. 쉽게 말해서 곰팡이 무리의 포자와 곤충의 알을 무기로 없애고자 하는 잡초에 살포하겠다는 것이다. 사실 연구나 학문이라는 거창한 표현을 하지만, 단지 자연 상태에서 어떤 곰팡이가 어떤 식물을 죽이고 있으며 또 어떤 풀을 어떤 곤충이 먹고 있는가를 관찰하여 그 포자(홀씨)와 알을 뿌려 제초하겠다는 것이니, 창조라기보다는 흉내내기요, 모방이다. 그러나 모방하는 일이 그렇게 쉽지 않다. 학문의 고통이 바로 거기에 있다. "모방은 창조다."라는 말이 실감 난다.

'지피지기 백전불패(知彼知己 百戰不敗)'라고 했듯이 잡풀을 잡기 위해서는 그 풀의 발아에서 시작하여 생태, 생리, 발생, 유전, 생활사, 천적 등을 샅샅이 알아내야 한다. 그리고 제거하려는 대상 식물의 잎 · 줄기 · 뿌리가 어떤 병적 증상을 나타내고 있으며 어느 곤충이 즐겨 먹는지 일일이 찾아낸다. 그리고 나서 그 곤충을 대량 사육하여 알을 얻고, 병든 부위의 곰팡이를 분리해 그 식물에 해를 끼치는(식물을 죽이는) 독성 물질을 찾아내는데, 이것이 바로 생물을 이용하는 생물 방제법(生物防除法)이다.

여기서 미생물의 포자는 빠르게 번식해야 하고 곤충들도 쉽게 사육시켜야 하는 까다로운 조건들이 붙는데, 그것을 가능케 하는 것은 연구원들이 해야 할 일이다. 아무튼 이들은 야외 채집을 나가 자기가 연구하고 있는 대상 식물이 병든 것을 발견했을 때가 가장 즐겁다고 한다. 풀을 병들게 한 곰팡이를 채집할 수 있기 때문인데, 생물 조절법은 한마디로 식물 병리학의 응용이라 하겠다.

결국은 사람과 생물 사이에 치열한 싸움이 끊임없이 일어나고 있다는 말인데, 앞에서도 말했듯이 식량의 몫을 서로 제가 더 갖겠다고 박이 터져라 싸우는 것이다. 지금까지 여러 잡초를 대상으로 미생물 제초제가 많이 만들어졌고, 이미 논의 벼에 쓰기 시작했다. 가장 먼저 상품화한 것이 *Colletotrichum gloeosporioides*라는 곰팡이에서 뽑은 물질이다. 미생물에서 뽑은 독성 물질은 합성도 하며, 이것을 식물에 뿌리면 식물(세포)에 작용하는 효소의 활성 부위와 결합하여 효소의 기능을 마비시켜 잡초를 죽인다고 한다. 그러면서도 안전한 곡식을 얻을 수가 있고 맑은 물에 깨끗한 환경을 보존할 수가 있어 부작용이 없는 물질이라 한다.

그리고 세계적으로 나라와 지역 간에 동식물 유입 · 유출이 계속 증가하고 있다. 수출입 때 원목이나 곡식류에 묻어 들어온 유입종(流入種) 말고도 실험용, 관상용, 식용 등으로 들어와 생태계를 혼란시키는 일이 비일비재하다. 이미 우리나라 밭 가를 지배하고 있는 망초, 개망초, 돼지풀은 물론이고 물에는 부레옥잠이 기승을 부린다. 특히 부레옥잠은 전 세계의 연못이나 강에 우점종(優点種)이 되어 빠른 속도로 퍼져나가 다른 물풀을 다 쫓아내는 말썽꾸러기 식물이다. 물이 천천히 흘러 호수화된 한강에 큰 문제를 일으킬 놈이다. 나방이나 어류 등 유입종의 횡포로 토종이 해를 입는다는 보고는 많이 들어 왔지만 식물도 그렇다니, 세상을 힘센 놈이 지배한다는 것은 동물이나 시굴이나 매한가지다.

여기서 하나, 잡초끼리도 양분, 햇빛, 뿌리가 뻗을 공간을 가지고 치열한 다툼을 벌인다는 사실이다. 힘센 풀이 약한 풀을 못살게 굴어서 성장을 못하게 하는 현상을 알렐로퍼시(allelopathy)라 하는데, 대표적인 예가 소나무 밑에 풀이 나지 못한다는 것이다. 이것은 소나무 뿌리에서 분비하는 화학 물질인 갈로탄닌(gallotannin) 같은 물질이 다른 식물의 자람을 억제하기 때문이다. 말없이 자라는 저 식물들도 무수한 싸움을 하면서 성장하고 있다. 아파트에 사는 사람이면 꽃상자 하나에 콩알 쉰 개쯤을 심어 놓고 끝까지 키워 보면 알 수 있을 것이다. 밭에 심은 상추나 시금치를 솎아 주는 것도 그들의 싸움을 말리는 지혜로운 행위다. 식물도 약육강식을 해서, 강한 놈이 약한 놈을 잡아먹지는 않지만 대신 못 자라게 누른다. 천천히 눌러 죽이는 것이다. 그들도 전쟁을 벌이고 있다. 아무튼 지구는 싸움투성이다. 그래서 차라리 생물계의 특성을 모르고 막 살아가는 게 더 편한 게 아닌가 싶다. 경쟁과 협조의 세계인 생물계에서 협조의 화음을 눈여겨 보라. 아무튼 방동사니, 바랭이처럼 끈질기게 살아 본다. 아무래도 잡초가 없는 세상은 상상도 못할 일이니까. 그들은 우리보다 먼저 이 지구에 왔고 떠나더라도 사람보다는 뒤에 배를 탈 것이다.

39 손으로도 음악을 듣는다

사람의 손에는 그 사람의 운명이 잉태되어 있다 하고, 늙은이의 손에는 살아온 역사가 스며 있다 한다. 일평생 손놀림으로 살아온 마디 굵은 아버지의 손에서부터 궂은 일 죄다 하느라 지문마저 지워진 땀기 없는 어머니의 손, 경운기 바퀴에 약손가락을 날려 버린 친구의 손, 이제 막 돌 지난 외손녀가 풀밭에 쪼그리고 앉아 집게손가락 끝자락으로 함초롬히 피어난 아침 이슬 꽃잎을 조심스럽게 맞대어 보고 있는 고사리 손까지 너무도 많은 모습의 손이 있다. 새벽 정화수에 손바닥 비비며 기도하는 어머니 손에서부터 아비의 목을 누르는 인간동물의 손까지 쓰임새도 가지 각색이다.

사람은 곧추 서서(직립해서) 걷게 되다 보니 손이 자유롭게 되었다. 그래서 손이 정교한 기계를 만들고 또 그것을 다루게 되면서 지금과 같은 문명을 이루었으니, 이 점이 다른 동물과 가장 큰 차이다. 특히 엄지손가락과 다른 네 손가락이 맞닿게 되면서 글을 쓰게 되었고 불을 사용하게 되었다. 만일 사람 손이 발처럼 생겨서(엄지발가락은 다른 네 개의 발가락과 맞닿지 않는다. 물론 젖먹이 때는 뼈가 연해서 된다) 엄지손가락이 다른 손가락과 닿지 않는다면 연필도 다섯 손가락으로 감아 쥐는 어린 아이들 꼴이 될 뻔했다. 인간 문화는 이렇게 손가락의 맞닿기에서 시작된 것이다.

손가락도 집집마다 다 다르니 모두가 유전 인자라는 놈의 장난인데 독자 여러분들도 자기 손을 한번 들여다보라. 엄지손가락은 다른 것과 달라서 뼈마디가 두 개다. 그리고 집게손가락과 약손가락 중 어느 것이 더 긴가를 보고 다른 사람과 비교해 보기 바란다. 제일 긴 가운데 손가락을 중심으로 키를 재어 보면 집게손가락이 약손가락보다 긴 사람이 약 25퍼센트가 된다. 다른 말로 75퍼센트 정도의 사람은 약손가락이 집게손가락보다 길다는 말이다. 손가락 길이 하나도 다 다르니 그들의 성질은 어떻겠는가.

그리고 개 다리를 관찰해 보라. 그놈들은 손(발)바닥으로 걷는 게 아니라 손(발)가락으로 걸으니, 마디가 세 개인 사람과 달리 다리 마디가 네 개다.

인간의 손을 해부학적으로 보면 한 손은 스물일곱 개의 뼈로 이루어 졌는데, 그것들을 움직여 삯바느질과 베 짜기를 했고 지금은 컴퓨터를 만진다. 남자 손은 크고 힘이 강해 장작을 패고 볏섬을 나르지만, 가냘픈 여자의 손은 섬세하기 짝이 없어 물고기 그물을 사리고 코를 깁는다.

손바닥에는 내장이 그대로 복사되어 있다 해서 수지침이 유행하고 수상가(手相家)들은 생명선이 어쩌니 운명선이 어쩌니 하면서 떠들어 댄다. 건강과 명이 손바닥에 있다니 겁이 덜컹 난다. 간이 나빠지면 손바닥 둘레가 새빨개진다고 하던가. 늙으면 발바닥은 물론이고 손바닥에도 땀이 마른다고 하는데, 흉흉한 세상이라 늙은이도 손에 땀을 쥐고 바라볼 일이 하루가 멀다 하고 터지니 그것도 사는 맛이라 해야 할지 모를 일이다. 어느 스님이, 달을 보면 달이나 보지 왜 손가락 끝을 보느냐고 일갈하셨는데, 그 작은 손바닥으로 하늘을 가리겠다는 큰 바보〔大愚〕대우들이 안쓰럽기만 하다. 흑인들도 온몸이 다 검어도 손발바닥은 흰데 검은 손바닥을 가진 사람이 어이 이렇게 많은지 모르겠다. 빈손으로 왔다가 빈손으로 간다는 말은 정녕 헛말이란 말인가. 어느 범죄자가 칼로 지문을 지워서 지문 무늬를 바꿨다고 안심을 했다지만 지문은 재생하여 원래처럼 새로 난다는 것을 모르는 무지의 소치다. 지문이 같은 사람이 없다는 것도 믿어지지 않는 사람 세계의 부분이다.

"손톱이 길면 몸이 게으르고 머리가 길면 마음이 게으르다."는 중국 격언이 있지만, 살아 있는 동안에는 하루에 0.1밀리미터씩 손톱이 길고 발톱은 자라는 속도가 손톱보다 느려서 나흘에 0.1밀리미터 정도가 자란다고 한다. 몸의 부위마다 세포 분열 속도가 다르다는 것도 재미나는 대목이다. 손발톱은 여러 동물들이 다 가지고 있는데 주성분은 머리카락의 케라틴과 같이 피부가 변한 것이며 손발 끝에 나서 그것들을 보호한다. 건강하면 손톱도 윤기가 나고 빨리 자란다니 역시 그곳에도 건강이 스며 있다. 그런데 그 손톱을 자르지 않고 길게 길러서, 나는 일하지 않는 귀족(?)이라고 뻐긴다는데, 하루 일하지 않으면 하루 먹지 말라고 한 말은 누구에게 해당되는 말일까. 요새는 가짜 손톱이 있어서 일하고도 잘난 체할 수 있다니 모두가 제 잘난 맛에 산다는 말이 맞다. 그래도 사람은 남한테 손가락질 받지 않고 사는 게 제일이다. 호박도 손가락질을 받으면 곯아떨어지고 만다(?).

요새 크는 아이들은 젓가락질을 못한다고 하는데 젓가락질이 지능개발에도 좋다고 하니 꼭 연습을 시켰으면 좋겠다. 손재주도 어릴 때 키워주자는 뜻이다. 헬렌켈러는 "손으로도 음악을 들을 수 있었다."고 하는데 젓가락질이 뭐가 어렵단 말인가. 아무튼 부모 되기는 쉬우나 부모 노릇하기는 어렵다. 늙으면 손에도 피 돌기가 느려져서 오뉴월 한여름에도 노인들이 목장갑을 낀다. 쥐엄쥐엄 곤지곤지로 시작한 조막손이 나이를 먹어 손등에는 개구리 껍질 속에 퍼런 핏줄만 맥없이 퍼져 있다. 늙음이 서럽다. 착한 일만 하고 살아도 짧은 인생이니 올곧은 삶을 살아가리라.

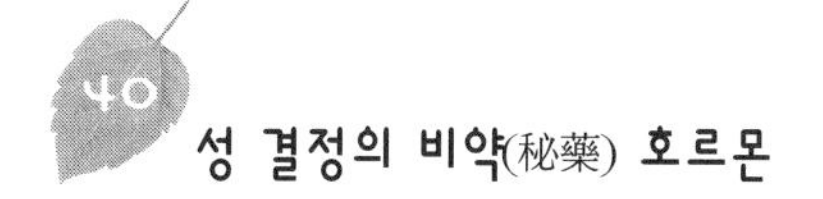

성 결정의 비약(秘藥) 호르몬

도대체 성(性)이란 무엇이며 왜 암수가 있고 발생 과정에서 언제쯤 암수가 결정되는 것일까. 그리고 처음 성 결정은 어떻게 될까. 성염색체의 영향을 받아 생기는 유전적인 성의 결정 외에도 온도 등 주변(주위) 환경의 영향을 받는다. 또한 성에 따라 해부학적・행동학적으로도 달라지며 체중은 물론 공격성에도 차이가 생기고, 짝짓기 행동도 동물에 따라 다르다.

염색체에 따라 결정되는 암수는 발생 과정에서 생식소(生殖巢, gonad)가 남성 호르몬인 안드로겐(테스토스테론도 포함)을 많이 분비하면 수놈이 되고, 에스트로겐이나 프로게스테론을 더 많이 만들어 내면 암놈이 된다는 것이 일반적인 내용이다. 줄여 말하면 X・Y 성 염색체(性染色體)의 지배를 받아 생긴 성 호르몬이 성을 결정하기 때문에 호르몬이 중요한 구실을 한다는 것이다.

여기에 쌍둥이 송아지를 한번 보자. 한 개의 난자와 정자가 수정해 난할을 하면서 2세포기 때 할구(割球)가 두 개로 나뉘는데, 이때 각각 따로 발생하여 성이 동일한 일란성 쌍둥이가 된다. 할구(세포)가 계속 난할(분열)을 하지 않고 왜 잘려 떨어져 나오는지는 아직 모른다. 그 원인을 알아내면 아마도 노벨상 몇 개는 받을 것이다. 그리고 난자 두 개가 생겨서 두 난자가 모두 수정되어 자란 이란성 쌍생아 송아지의 경우(암암, 수수, 암수가 모두 생기는데 암수의 경우), 수놈은 문제가 없으나 암놈 송아지는 수놈의 특성을 많이 갖는 것은 물론이고 경우에 따라서는 커서 불임이 되는 수도 있다. 어미 뱃속에서 옆에 누워 있는 수놈이 분비하는 웅성 호르몬의 영향을 받아서 나타나는 암놈의 반응이다. 이것은 호르몬이 얼마나 큰 영향을 미치는지를 보여 주는 좋은 예다.

여기서 하나 부언하고 싶은 말은 요새 어미 소에서 쌍둥이 송아지를 마음대로 얻고 있는데, 이는 앞에서 일란성 쌍둥이 송아지가 자연 상태에서 생기는 그 원리를 사람이 흉내냈다는 것이다. 즉, 시험관에서 우수한 성질의 난자와 정자를 수정시키고, 현미경으로 난할 중인 2할구기(2세포기) 때 두 세포를 떼내어 시험관에서 조금 키운 후, 모두를 발정기의 암소 자궁에 집어 넣어 수태(受胎)시킨 것이 쌍둥이 송아지다. 사람들이 욕심만 많아서 어미 소야 죽든 말든 송아지만 많이 얻겠다는 것인데, 과학의 양면성을 여기서도 보게 된다. 이런 기술을 사람에게도 응용하여 시험관 아기를 얻곤 한다.

다음은 쥐가 자궁 속에서 호르몬 영향을 어떻게 받나 보자. 양쪽 자궁에 새끼 쥐들이 순서대로 생겨 커 가는데 그들도 앞의 송치들처럼 서로 호르몬 영향을 주고받는다. 암놈 한 마리와 그 양쪽에 수놈이 있으면〔'2M female'이라 부르는데 두 마리의 수놈(Male)에 싸인 암놈(female)이란 뜻이다〕 고농도 웅성 호르몬의 영향을 받아, 태어나서 암놈이면서도 수놈처럼 발정기에 도달하는 시간이 오래 걸리며 다른 수놈들이 매력을 덜 느낀다. 그리고 성욕을 일으키지 않으며 다른 암놈들에게 상당히 공격적이다. 자궁 속에서 옆에 수놈이 없으면 'OM female'이라 하는데 이런 놈은 훨씬 '여성다운 쥐'로 행동한다. 송치나

쥐 새끼나 모두 자궁에서 수놈 호르몬이 암놈 것보다 더 활개를 친다는 말이다.

점박이 하이에나를 보자. 이놈들은 떼를 지어 공격하면 사자들도 피해 버리는 독종인데, 포유류 중에서 유달리 암놈이 수놈보다 덩치가 커서 싸움을 해도 수놈한테 이기고 먹이도 먼저 차지한다. 이것은 자궁 속에서 비활성 성 호르몬인 안드로스테네디온(androstenedione)이 자성(雌性) 호르몬인 에스트로겐으로 바뀌는 양보다 웅성 호르몬인 테스토스테론으로 전환되는 양이 훨씬 많기 때문으로, 암놈이지만 수놈 행세를 한다. 한마디로 모든 기관은 암놈이지만 수놈 호르몬이 많이 생겨서 그렇다는 것이다. 이 동물의 또 다른 특징은 암놈의 음핵이 수놈의 음경보다 더 길어 딴놈과 만날 때 이것을 내보여 위세를 부린다고 한다. 사실 음핵은 수놈의 음경과 발생학적 근원은 같으나 기능이 달라진 상동 관계(相同關係)로, 암놈에서 퇴화되는 것이 보통이나 이 동물은 다르다.

이야기가 조금 엇나가는데, 수놈 원숭이들이 성기를 무기로 사용하는 것을 보면 성기는 위엄과 힘의 상징으로, 서로 싸움을 하기 전에 그것을 붉게 부풀려서 흔들어 보임으써 상대방을 위압한다. 그리고 동물원에서 가끔 보는 장면인데 사람이 가까이 가면 우리 속의 원숭이가 그놈을 끄집어 내어 보여 준다. '내 이렇게 큰 것을 가지고 있고 여기가 내 땅이니 침범하지 말라.'는 경고로 그 짓을 하는 것이다.

인간들도 문화와 시대를 불문하고 성기의 조각품을 만들어 놨다. 수호신으로 또는 악귀를 몰아내거나 생산의 심벌로 말이다. 그리고 일반적으로 사람은 키가 작거나 여윈 남성들이 큰 성기를 갖는 경향성이 있는데 피그미(pygmy)족의 그것이 대표적으로 큰(긴) 것으로 평가 받는다. 놀이터의 꼬마들도 그놈을 세우거나 그것으로 오줌을 갈겨서 자랑으로 삼는 것을 볼 수 있다.

환경에 따른 동물들의 ♀·♂ 바꾸기

다음은 동물들이 처한(경험한) 환경이 성의 결정에 어떤 역할을 하는지 보자. 성 염색체가 있어서 성을 결정하는 유전적인 것이 아닌 예로, 실제로 많은 물고기나 파충류는 물론이고 하등한 동물 중에도 성 염색체와 관계없이 대장의 유무, 나이(크기), 처녀 생식 등으로 성이 결정된다.

하등 동물인 지렁이, 갯지렁이, 조개 등은 난소와 정소를 모두 한몸에 가지고 있는(그러나 그들도 우생학을 알아서 반드시 다른 개체와 짝짓기를 하여 정자를 주고받는다) 암수한몸으로, 어릴 때 영양 상태가 좋지 않으면 모두 수놈으로 크고, 영양 상태가 좋아지면 암놈으로 성전환을 한다. 또 말미잘에 다살이하는 흰동가리(anemone-fish) 물고기는 어릴 때는 모두 수놈이지만 커서는 암놈이 되는데, 한 무리 중에 암놈은 단 한 마리뿐이며 그놈이 제일 덩치가 크고 서열도 가장 높다. 이때 대장 암놈이 죽어 없어지면 곧바로 많은 수놈 중에서 한 마리가 암놈으로 성전환을 한다. 그런데 그 반대의 예로 어릴 때는 모두 암놈이지만 커지면서 수놈이 되는데, 여기서는 수놈이 오직 한 마리뿐이다. 흰동가리와는 반대로 대장이 죽으면(죽여 보면) 재빠르게 암놈 중에서 수놈 한 마리가 생겨나는데, 큰 물고기 입 속의 기생충을 뜯어 먹고 사는 호주산 양놀래기 무리나 돔 무리에서 흔히 보이는 현상이다. 녀석들은 암수 바꾸기를 식은 죽 먹듯이 해 댄다!

온도에 따른 성 문제는 가장 많이 연구되는 분야로, 암수가 대상의 동물에 따라 다 달라서 어떤 물고기는 수온이 낮거나 높으면 암놈이 되고, 중간 온도에서 수놈이 되는 등 종잡을 수가 없다.

이번에는 처녀 생식(處女生殖)을 보자. 전형적인 예는 꿀벌 · 개미 · 진딧물 등에서 볼 수 있는데, 암놈이 알을 낳아 부화되면 그것들은 모두 암놈이 되고 그것이 또 알을 낳으면 죄다 암놈이 되고 하여 수놈이 관여하지 않는 발생을 한다. 이같이 여왕벌이나 여왕개미가 미수정란(염색체가 반뿐인 n상태)을 산란한 후 이것이 그냥 발생하여 수펄, 수캐미가 되는 것이 처녀 생식이다.

다음 예는 미국산 도마뱀 중에 꼬리가 길고 회초리 모양을 한 채찍꼬리도마뱀(whiptail lizard)이라는 놈이다. 이 도마뱀 세계에는 수놈이 없고 암놈만 있다. 이것들이 발정기가 되면 서로 엉켜 달라붙어 서로 몸을 꼬는 짝짓기(성) 행위를 한다. 그리고 이들은 가끔 암수의 짝짓기 행위(자세)를 바꿔 가면서 그 짓을 하는데, 서로 자극을 줘서 알을 많이 낳기 위한 것으로 해석한다. 말 그대로 수놈 없이 새끼 낳는 처녀 생식이다. 동성연애라는 것을 하는 특수한 유전 인자를 가진 사람과 크게 다를 바 없다. 그래서 사람과 다른 동물은 큰 차이가 없다.

다음으로 큰입우럭 무리 중 파랑볼우럭(bluegill sunfish)의 성의태(性擬態) 행위를 보도록 하자. 이놈들은 수놈에 세 가지 형(부류)이 있는데 첫째는 몸이 크고 예쁜 체색을 가지고 있어서 제 영역을 지키면서 암놈과 짝짓기도 하는 놈들이다(여기서 짝짓기란 암놈을 자극하여 산란하게 하고 거기에 정자를 뿌린다는 의미다). 둘째 녀석들은 크기가 작아 첫째 놈들의 주변(영역)을 맴돌면서 큰놈들 몰래 짝짓기 한다. 그런데 눈길을 끄는 놈은 세 번째 것들로, 첫 번째 부류의 수놈과 암놈의 중간 크기와 중간 색깔을 하고는 되레 암놈 행세(female mimic)를 하면서 슬그머니 암놈과 짝짓기를 한다. 비슷한 예를 미국산 가터뱀(red-sided garter snake)이라는 뱀에서도 볼 수 있다. 이 뱀들은 짝짓기 때 암수 여러 마리가 서로 뒤엉켜서 둥그렇게 큰 교미공(mating-ball)을 만드는데, 그 수놈들 중에서 약 16퍼센트는 암놈의 탈을 쓰고 딴 곳으로 다른 수놈들을 유인해 빼내 놓고 그 사이에 암놈들과 짝짓기를 한다니, 이 기막힌 정자 더 많이 뿌리기 작전에 혀가 내둘릴 뿐이다. 암놈 시늉을 하는 이 뱀을 암놈 사내라는 뜻인 '쉬 메일(she-male)'이라 부르는데 이놈들은 정자도 있고 암놈과도 짝짓기하는 정상인 수놈이면서 암놈의 성 페로몬(sex-pheromone)과 똑같은 것을 만들어 뿌려 수놈을 유인해 놓고 암놈을 더 많이 차지한다니, 씨 뿌리기를 위해 물고기도 뱀도 머리를 쓰는 것을 보면 재미있기 그지없다. 그놈들 세상에도 제비족 꽃뱀은 물론이고 동성연애하는 놈들도 있다! 허 참.

그렇다. 사람도 남자 몸에는 여성 호르몬이, 여자 몸에는 남성 호르몬이 다 같이 만들어지고 있다. 그러나 간에서 상대 성의 호르몬을 계속 파괴하고 있기에 자기의 성을 지키는 것이다. 그런데 남성도 성관계를 많이 하는 해거름녘에 여성 호르몬의 하나인 프로게스테론의 농도가 제일 높아지며, 여성의 생리처럼 남성의 호르몬 변화도 예민해서 주기적으로 많아지고 적어지고를 반복한다고 한다. 또 아내가 임신하여 입덧을 하면 남자도 따라서 음식을 못 먹는다고 하던가. 남자의 몸에 여자가, 여자 속에 남자가 들어 있다는 것이다.

거세한 쥐에 남성 호르몬 주사를 줬더니 수놈 행세를 다시 시작하더라거나, 암놈 병아리에 수놈 호르몬을 주사 줬더니 얼추 수놈을 닮아 큰 볏에 긴 꼬리털과 싸움발톱이 생기더라는 실험은 호르몬이 성을 결정하는 비약이라는 것을 증명해 준다.

지구상에 동물의 성은 여성(암놈)의 것이 먼저 생겨났다고 학자들은 말한다. 그래서 어느 기자는 '남자는 여자의 갈비뼈에서 유래'라는 기사 제목을 붙였나 보다. 성이 뭐기에, 오묘하기 짝이 없는 성의 세계다.

41 미토콘트리아는 어미에게서만 받는다

꿀같이 끈적끈적한 송진(resin)이 벌 · 나비를 잡아 속에 집어넣고 굳어 화석(化石)이 된 것이, 플라스틱만큼 딱딱하고 누르스름하면서 광택이 나는 투명한 호박(琥珀)이다. 이 호박은 그저 마고자의 단추나 브로치로만 쓰이는 게 아니다.

생물학자 카노(Cano)는 실험실로 그 호박을 가져와 살균하고 조심스럽게 잘라서 미라가 된 벌의 소화관을 끄집어 낸 후 그 조직을 배양액에 넣어 놓았다. 놀랍게도 일 주일도 지나지 않아 투명했던 배지(培地)가 희뿌옇게 변했는데, 그것은 2500~4000만 년간 벌의 창자 속에서 휴면(休眠)하고 있던 세균 포자가 갑자기 생명력을 얻어서 분열(번식)을 했기 때문이다.

호박에서 발견한 벌 창자 속의 세균(박테리아)을 키워 냈다는 것은, 동부 시베리아 얼음 속에서 썩지 않은 맘모스 고기(시체)를 삶아 먹고 배탈이 났다는 것보다(냉동된 맘모스 살에 세균이 살아 있었다) 더 관심을 끄는 대 사건이다. 맘모스는 제4기 홍적세(洪積世)에 살았으나 이 호박보다는 시기적으로 그리 오래되지 않았고, 또 동결된 시체라서 비교가 되지 않는다.

아무튼 스티븐 스필버그가 만든 「쥬라기공원」 영화를 연상하게 하는 이야기다. 원작 소설 「쥬라기공원」은 호박 속의 모기에서 공룡

DNA를 뽑아내고 그것에 개구리의 DNA와 짝 맞춰 공룡을 만들어 내는(재생시킨다는) 가상적인 일인 반면, 카노는 실험으로 옛날 생물을 그대로 다시 살려 냈다는 데 의미가 있다.

카노 교수 등은 이것 말고도 이미 비슷한 시대의 세균이나 효모를 여러 종 살려 냈다고 한다. 많은 학자들이 수백 년 전의 세균 포자를 다시 살려내는 일을 시도해 왔다고는 하지만, 수백만 년 전의 것에 다시 생명력을 불어넣는 일은 가히 경이롭다 하겠다. 옛 세균들 중에는 지금의 것과 성질이 다른 점이 있어서 그것들을 이용하여 약품, 살충제, 효소 등을 제조할 예정이라 한다. 카노 교수는 호박 속의 생물 연구에 힘을 쏟고 있는데 사실 호박 속에는 앞에서 말한 벌, 나비, 모기뿐만 아니라 거미, 풍뎅이, 개구리, 도마뱀, 전갈까지도 화석화되어 있고, 이미 이 지구에서 멸종된 것들도 있다고 한다. 이런 점에서 호박은 단순한 치장물이 아니라 과거라는 역사가 담겨 있는 하나의 타임캡슐(time capsule)이다.

호박 속의 생물들이 비교적 잘 보관되어 있다는 것은 변화 속도가 느리다는 말이다. 세포 속의 DNA가 부분적으로 잘려 나가기도 하고 분해되기도 하기 때문에 완전하게 보존되기가 어려운 조건에서 호박이야말로 옛날의 화석 DNA(ancient DNA)를 거의 그대로 보관한 최상의 생명 보고(寶庫)라 할 수 있다. 그래서 세계에 호박 찾기 붐이 일었다고 하며, 어떤 호박 속에서는 곰팡이까지 분리해 냈는데 그것에서 특수 항생제를 만들어 낼 것으로 기대하고 있다고 한다.

그리고 이미 호박 속의 화석 효모로 (그 효모를 많이 번식시켜) 에일맥주(ale beer)를 만들어 그 이름을 짓궂게도 '쥬라기 호박 에일(Jurassic Amber Ale)'이라고 이름 붙였다고 한다 (참고로 채집된 호박은 아무리 오래된 것이라 해도 4천만 년 전 것인 데 반해 쥬라기는 1억 4천 4백만 년 전의 것이라 이름이 좀 우습고 서로 맞지 않는 점이 있다).

그런데 카노 교수의 작업을 비판하는 사람들은 지구상 세균의 95퍼센트는 아직 동정(同定)도 되지 않아 이름도 붙지 않았으며, 세균은 수백만 년 전의 것과 지금 것이 거의 같으니, 즉 세균은 변하지 않으므로 호박 속의 세균은 뒤뜰에도 수두룩하다고 악평을 한다.

화석 DNA(ancient DNA를 이렇게 이름을 붙여 보는데 '옛날 DNA'보다는 의미가 더 가까울 것 같다)에 관해서 좀더 상세하게 들여다보자. 무엇보다 흥미로운 것은 이집트의 미라에서 DNA를 추출해 분석을 한다는 것으로, 가장 덜 분해되어 정상에 가까운 부위는 몸 조직 중에서 손발톱의 표면 부분이라 한다. 거기서 뜯어낸 조직을 효소라는 촉매로 단백질을 소화시키고, 용매를 써서 추출하여 전기영동법으로 겔(gel)을 통해서 DNA 조각을 분리해 낸다. 그리고 그 조각이 작으면 겔판 위에서 멀리까지 이동하고, 크면 더디게 이동하니 그 이동 거리를 재어서 DNA 크기를 계산한다. 다른 복잡한 분자생물학적 방법을 동원해서라도 DNA 염기의 배열 순서를 찾아낸다. 예를 들어 미라가 아닌 최근 멸종된 콰가얼룩말(quagga)의 살갗을 독일 자연사 박물관에서 구해 염기 배열 순서를 밝혀내기도 했다고 했다. 사람의 오래된 시체에서 멸종된 생물의 DNA를 찾아낸다니, 생물을 전공하지 않는 사람에게도 재미가 있을 것이다.

사실 DNA라는 말만 나와도 머리를 흔들고 어려워하는데 그렇게 피하기만 할 것이 아니다. DNA는 단백질과 함께 생명의 기본 물질이라는 점에서 중요하고, 또 유전 물질이란 점에서 우리가 신경 써서 알아 둬야 할 물질이다.

각론은 여기서 생략하고, DNA는 네 개의 다른 염기가 모여 구성되어 있는데, A(아데닌) · T(티민), G(구아닌) · C(시토신)가 그것이다. 사실 생명의 신비를 담고 있는 꽈배기 모양의 이중 나선 구조(double helix structure)인 DNA는 오직 A, T, G, C라는 네 글자로 구성되어 있다.

DNA 한 가닥이 ATTAGGCCTAA……, 이런 식으로 잇달아 60억 만 개가 이어지면 다른 쪽 가닥에도 여기에 맞춰 TAATCCGGATT……로 역시 60억 만 개가 연결되어 나간다. 반드시 A는 T와(T는 A와), G는 C와(C는 G와) 짝을 짓는데 그렇게 짝 짓지 못한 것이 곧 돌연변이다.

흔히 DNA 이중 나선 구조를 칠판에 자꾸 크게 그리다 보니 엄청나게 커보여 보통 현미경으로 본 것 같은 착각이 들지만, 전자 현미경으로 봐야 특수한 DNA 관찰이 가능하다. 사실 사람의 경우도 세포 속에 핵 하나가 있고, 그 핵 속에 46개의 염색체가 있고, 그 속에 DNA 분자가 꼬여 있는데, 그것을 뽑아내 길이를 재면 2미터나 되고 그들의 염기 쌍이 60억(6×10^9) 개가 된다니 불가사의하다 하지 않을 수 없다. 눈에도 보이지 않는 세포 하나에 2미터, 60억이란 것이 들어 있으니 말이다. 자식이 부모를 닮는 것이 유전이라면 그 유전 물질은 바로 DNA다. 지금까지 핵 속에 염색체가 있고 그 염색체에 유전인자가 들어 있다고 배워 왔는데 바로 그 유전 인자가 DNA이다.

그런데 막연하게 DNA가 유전자라기보다는 DNA의 일부분(많은 염기들이 포함된다)이 한 개의 유전 인자라 할 수 있다. 사람의 유전자가 적어도 10만 개가 넘는다니 평균 몇 개의 염기쌍이 한 개의 유전 인자가 되는지 계산이 가능하다. 보통 한 개의 유전자는 6만 개의 염기쌍을 갖는 셈이 된다. 몇 번 염색체 어느 부분의 DNA가 유전 인자로서 어떤 형질과 물질을 만드는 데 관계하는가를, 인간 게놈 계획이란 프로젝트까지 만들어 경쟁적으로 연구하고 있다. 다른 말로 사람의 유전자 지도가 되는 것이다.

그런데 미토콘드리아 DNA(mDNA)는 DNA(nuclear DNA, nDNA)에 비해서 구조가 간단하다. 앞에서도 언급했듯이 세포 분열은 nDNA의 명령에 따른 것이고, mDNA는 nDNA와 관계없이 독립적으로 행동하여 필요하면 DNA를 복제하기도 한다. 식물에서도 nDNA 외, 세포질의 엽록체에 DNA가 있어서 mDNA와 비슷한 복제가 일어난다.

사람의 미토콘드리아 DNA가 16,569개의 염기쌍으로 이루어진 이중 나선 구조라는 것과 염기 순서는 모두 다 알려져 있다. 이들은(이들 모두를 게놈이라 표현한다) 열세 가지의 단백질 합성과 스물두 가지의 운반 RNA(tRNA) 및 두 가지의 리보솜(rRNA)에 대한 정보(명령)를 내린다. 그런데 사람에 따라(가계에 따라) mDNA의 16,569개의 염기쌍 배열이 다 다르다. 그래서 이것들의 순서를 찾아내어 비교하면 유전적으로 멀고 가까움이 나타나 친족 확인은 물론이고 범인 체포도 가능하다. 작은 혈흔, 머리카락의 모근(毛根), 타액(침을 뱉을 때 산 세포가 나갈 수 있다), 정액으로 하는 소위 유전자 감식은 이 mDNA를 비교 분석하는 작업이다.

여기에서 하나 강조하고 싶은 것이 있다. 사람의 난자와 정자가 수정해서 수정란이 되고 난할을 계속하는 복잡한 발생 과정을 거쳐 새 생명이 탄생한다. 그런데 난자는 하나의 세포로서 난핵에 유전 물질이 들어 있고 세포질 속에는 모든 세포소 기관이 들어 있으나, 정자는 머리부에 유전 물질이 들어 있는 정핵만 있고 꼬리는 이동 외에는 수정 물질로 관여하지 않는다는 것이다.

다시 말하면 모체에서 만들어진 난자는 유전 물질인 핵 DNA가 들어 있는 난핵과 미토콘드리아, 소포체, 리보솜 등 모든 세포소 기관이 든 세포질을 가진 완전한 세포인 반면, 정자는 정핵만 남은 비정상 세포로서 정핵 속에 핵 성분만 남을 뿐 세포질의 미토콘드리아는 들어 있지 않다. 그러므로 자식들의 미토콘드리아는 아버지의 것이 아니라 항상 어머니 쪽에서 받은 것이다. 그래서 모든 사람들이 모두 모계성 미토콘드리아를 갖게 되는 것으로 모계유전성이 얼마나 강한가를 암시하는 대목이다.

에너지(ATP) 대사에 없어서는 안 되는 미토콘드리아를 언제나 어머니(모계)에게서 받는다니 아들 딸 모두가 어머니를 더 많이 닮으며, 사랑이라면 모정(母情)인 이유를 이제서야 알겠다! 3.4킬로그램으로 태어난 55조 개의 세포를 가진 그 태아는 원래 아버지 쪽에서는 무게도 재기가 어려운 정자 하나밖에 받은 것이 없다는 것이다. 흔히 우리가 말하는 씨도 중요하다 하겠지만 밭이 차지하는 의미와 위력을 독자들은 느꼈을 것이다. 다시 말하건대 우리가 갖는 미토콘드리아도 엄마의 것이 복제되어 만들어진 것이다. 아버지의 것은 없다.

난자와 정자가 수정을 한다는 말은 스물세 개씩의 염색체를 각각 받았다는 것이다. 즉 30억 개씩의 DNA 염기쌍을 각각 어머니, 아버지한테서 받는데, 그것이 바로 유전 물질이다.

그런데 그 DNA 염기쌍이 어떻게 생겼기에 새 생명을 만들고 또 닮음을 내림하는 것일까. 어쨌거나 수정 시에 아버지의 미토콘드리아는 난자에 들어가지 않는다. 아들도 딸도 모두 에너지 대사의 중추부인 미토콘드리아를 엄마에게서 받는 것이다. 수정하는 다른 모든 동물도 똑같아서 그런 점에서 알고 보면 아비 수놈은 빛 바랜 허깨비에 지나지 않는다.

산과 바다의 삶

생물이 제일 먼저 생겨난 곳은 바다로, 그놈들이 점점 변해 가면서 새로운 살터를 개척해 나갔는데, 처음 강으로 침입하여 다음에는 땅으로(바다와 강에서 각각 따로) 올라왔다고 본다. 그놈들이 다름 아닌 나의 조상이다. 바닷가에서 만들어진 후 35억 년이 흐르는 동안 많은 것들이 죽어 없어지고 새로 생기기를 반복했다고 한다. 그래서 그 생물의 역사를 찾아내기 위해 진화학자들이 많은 화석을 파냈고, 이제는 세포 속의 DNA를 분석하고 있다.

어쨌거나 동식물의 생명력은 끈질겨 위로는 에베레스트 산으로 기어오르고 아래로는 바다 밑으로 헤엄쳐 내려가 크기, 모양, 색깔이 다 다르게 변하여 살아가고 있다. 공기가 희박한 산꼭대기와 그 무거운 수압을 견디는 생물들의 세계를 같이 들여다보자.

에베레스트 산에서도 동식물은 제자리를 지키고 있다

에베레스트 산의 생태를 연구한 미국의 스완(Swan) 박사는 고산(高山) 연구를 했던 과정에 대해 "실험실도, 자동차도 없어서 허파와 발, 그리고 끈기 하나로 조사 연구를 했고, 밤이면 한 발자국 위에 달이 있었다(one step from the moon)."라고 기술하고 있다. 무엇보다 기압이 낮아서 그것에 적응하기 위해 채집 시작 전 약 한 달간 신체 적응을 해야 했다고 한다. 보이느니 눈뿐이요, 들리느니 바람소리뿐인 산정(山頂)에 연구진이 캠프를 치고 채집을 해 보니, 의외로 많은 동식물이 먹이사슬을 이루며 생태계를 잘 구성하고 있다는 사실을 발견할 수 있었다. 식물, 곤충, 거미, 새, 포유류까지 어울려 먹고 먹히면서 살아가고 있었다고 한다. 생물들은 땅과 하늘, 춥고 덥고, 높고 낮고에 상관없이 흙과 물이 있고 햇빛이 비치는 곳이면 어디든 모여 산다. 바다 밑에서는 흙 없이 살 수 있지만 땅 위에서는 흙이 있어야 식물이 뿌리를 박을 수가 있기 때문에 그것은 중요한 구실을 한다. 그리고 흙 다음으로 식물은 마실 물과 햇빛이 있어야 광합성(光合成)을 한다.

한마디로 동물들 삶의 시작에는 반드시 식물이 있어야 한다는 것인데, 이 식물만이 태양 에너지를 화학 에너지로 고정시킬 능력을 가지고 있기 때문이며, 그 화학 공장은 식물체의 엽록체(葉綠體)라는 것이다. 에너지를 가진 식물이 있어야 그 식물을 동물이 먹고 또 다른 동물이 잡아먹는 생명사슬(먹이사슬)이 일어나게 된다. 식물이 만든 양분(에너지)을 동물들이 직간접으로 얻어먹고 살고 있으니 그 엽록체가 지구 생명체의 젖꼭지라는 것은 아무리 강조해도 지나치지 않는다. 식물 없는 동물은 상상도 할 수 없다는 말이다. 식물을 동물의 먹이라 해석하기보다는 어머니라 함이 옳다. 푸른 몸의 어머니인 식물의 고마움을 모르고 지내기가 쉽기에 여러 번 강조했다.

그러면 눈투성이인 에베레스트 산에는 어느 식물이 있는지 살펴봐야 하겠다. 거기엔 고산 꽃식물(현화 식물)까지 있었으며 그곳 식물들은 평지 식물보다 훨씬 많은 꽃가루(花粉, 화분)를 만드는데, 그 이유는 꽃가루를 옮기는 곤충들이 흔치 않기 때문으로 본다. 거기 식물은 진달래 무리와 에델바이스, 자스민, 노간주나무 등 모두 고산 식물이며, 이들이 만드는 광합성 에너지가 이 산에 모든 에너지를 공급한다는 것을 다시 한번 힘줘 말해 둔다.

곤충들은 이들 식물의 잎이나 줄기는 물론이고 썩은 나뭇잎을 먹고 사는데, 에베레스트 산에도 많은 종류의 곤충들이 열악한 환경에 잘 적응하여 살고 있었다고 한다. 에베레스트 산의 곤충들은 심한 기후 변화의 영향을 받으며 살아가지 않을 수가 없다. 산의 동서가 온도 차가 나는 것은 물론이고 같은 장소에서도 바람이 부는 곳과 받는 곳의 기후가 다르다. 구름이 끼었을 때와 햇빛이 날 때의 그 엄청난 온도 차, 그리고 낮과 밤의 기온 차는 또 어떤가! 한곳에서 이렇게 생기는 기후(온도, 습도 등)의 차이를 미기후(微氣候)라고 하는데, 볕이 나면 기어 나와 열을 받아 체온을 올리고 그늘이 지면 돌 밑으로 기어 들어가 추위와 바람을 피하고를 반복하면서도, 알 낳고 새끼 키우는 에베레스트 산꼭대기의 벌레들에서 삶의 숭고함과 끈기를 배워야 하겠다. 주어진 환경을 최대한 이용하면서 살아가는 그네들의 세계에서 삶의 처연함이 느껴진다. 이 험한 환경에 살고 있는 코딱지만한 곤충들이 가장 오래되고, 늘 푼수 없이 옛날 그대로인 원시적인 것들이었다고 하니, 악조건의 환경에서 빠른 진화가 일어난다는 흔한 법칙과는 위배되는 것도 재미있다. 곤충 무리 중에는 곰팡이를 먹고 사는 놈도 있었고 지의류(地衣類)나 썩은 풀잎을 먹는 놈은 물론이고, 파리에 기생하는 기생말벌 무리까지 다양했다고 한다.

거미도 여러 종류가 살고 있었는데 늑대거미(wolf spider) 무리는 눈이 내리는데도 먹이를 찾아 다니고, 덧물에 살기도 한다니 아무리 체온 변화가 심한 변온 동물이라 해도 독한 거미놈임에 틀림없다. 이

거미들은 육식 동물(肉食動物)이라 주로 곤충을 잡아먹고 사는데 다른 거미를 잡아먹기도 한다.

뜀뛰기 잘하는 점핑 스파이더(jumping spider) 무리는 그 꼭대기에서도 본능을 버리지 않고, 부는 바람에 길게 늘어뜨린 실을 타고 이곳저곳으로 자리를 옮기고 있었다고 한다.

조류로는 철새와 독수리까지 있었고, 포유류로는 쥐 · 여우 · 늑대 · 산양이 살고 있었으며, 사람들이 키우는 야크(yak)나 양도 생태계의 구성원이었다고 한다.

에베레스트 산꼭대기도 잘 들여다보니 결국 식물(생산자), 동물(소비자), 세균 곰팡이(분해자)가 떼지어 생태계라는 이름으로 어울려 살고 있더라는 얘기다. 눈물이 흐르는 바위 틈에 꼬마 진달래가 꽃을 피우니 봄나비가 꿀 찾아 날아들고, 저녁 태양이 산 넘어갈 즈음 골바람에 자스민 향기가 그윽하다. 산은 산이었고, 있을 것은 다 있더라는 것이다. 힐러리 경은 "산이 거기에 있어서 오른다."고 했다는데 산에 생물이 있어 오르는 사람들도 있다.

스완 박사는 글의 끄트머리에 히말라야 산꼭대기에 사는 이들보다는 저 바다 밑에 사는 생물들이 훨씬 생존에 유리하지 않을까 하고 끝을 맺고 있는데, 과연 그러한지 바닷속으로 가 보도록 하자.

칠흙 같은 어둠이 오히려 좋아요

바닷속으로 보통 300~400미터까지만 햇빛이 투과되고 그 아래는 캄캄한 칠흙 세계다. 그런데 그 아래에서도 매우 몸집이 크고 발달한 눈을 가진 물고기나 오징어들이 노닐고 있으며, 더 아래로 내려가면 땅에 사는 반딧불이처럼 발광(發光)을 하는 생물도 많다. 아주 잘 만들어진 해양 탐사 기구로 인해 바다의 맑고 흐림의 정도인 혼탁도(混濁度)나 수류를 알게 되었고, 비디오 촬영, 로봇을 통해 채집까지도 할 수 있게 되었다. 지금은 고작 1킬로미터 정도까지만 탐사가 가능하지만 그 무궁무진한 곳의 연구는 이제 시작이라고 봐도 된다.

심해(深海)에 사는 생물들은 그들 나름대로 적응을 했는데 거의가 어떤 방법으로든지(400미터 이하에 사는 놈들이니) 발광 기관을 갖게 되었다. 그리고 어류의 경우는 하나같이 입이 커서 제몸만 한 놈도 잡아먹는데, 그것은 먹이를 잡아먹는 횟수(기회)가 많지 않다는 것을 의미한다.

빛을 내는 발광 기관은 몸이나 다리 끝, 턱 밑에 있는데 그것은 공격과 방어 모두를 위해 필요하다. 생물체 말고도 물에 떠 있는 아주 작은 알갱이들인 부유물들도 빛을 내는데, 이 부유물이 진한 층을 이루는 곳에서 번개 치듯 번쩍이는 것이 관찰되었다. 그리고 고기 중에 어느 한 마리가 자극을 받아 빛을 내기 시작하면 다투듯이 연쇄적으로 발광하여 장관을 이루고 떼를 지어 움직인다고 한다. 온통 야단이다. 특히 이들 심해어들은 청록색에 민감하게 반응한다.

심해에 살고 있는 해파리 무리는 몸이 투명하고 눈이 없으면서도 빛에 민감하고, 긴 끈같이 생긴 '군체'인지 아니면 '슈퍼생물(super-organism)'이라 이름 붙여야 할지 모르겠으나 40미터(세계에서 제일 긴 것)나 되는데 이놈이 탐사선 창 밖에서 번쩍였다고 하니 우주선에서 별들을 보는 듯했을 것이다. 둘레는 어둡지만 저 멀리 빛을 내는 동물성 플랑크톤이 구름처럼 떠 있어서 마치 은하수 같아 보이고 말이다. 신비의 세계가 히말라야 산꼭대기나 태평양 바다 밑바닥에도 펼쳐 있다니 호기심 많은 인간들이 탐험하지 않을 리 없다. 그리고 가끔 나타나는 괴물 같은 동물에 놀란다고 하는데, 뱀장어 모양을 한 놈에게 배가 가까이 접근하자 동그랗게 오므려 고리 모양을 하기도 했단다. 가만히 떠 있는(모든 동물들이 활동을 최대한 줄여서 에너지를 허투루 쓰지 않으려 한다) 한 마리 물고기의 턱 밑으로 긴 줄을 내려 놓고 그것을 따라 내려가니, 빛을 내는 낚시 모양의 것이 끝에 대롱대롱 달려 있더라고 한다. 그 빛을 보고 찾아드는 새우나 고기를 잡아 먹기 위해 고안해 낸 부속물이라니 엄청난 장비(치)를 개발하여 가지고 있다 하겠다. 그 물고기 이름을 '드래곤피시(dragonfish)'라 한 것도 재미 있다. '용물고기'라. 누가 모두에게 저런 삶의 지혜를 줬단 말인가.

물고기 중에는 위에서 떠 내려오는 부유물(유기물)을 먹기 위해 줄을 지어 하늘 쪽을 쳐다보고 서 있는 놈들이 있는가 하면, 해파리 무리 중의 하나는 적의 공격을 받으면 긴 촉수를 도마뱀 꼬리 잘라 주듯이 떼어 주고 몸통인 삿갓(bell)만 들고 도망을 간다고 한다.

그리고 바다의 표면에서 아래쪽으로 온도와 용존 산소를 측정해 내려가면 다 같이 점점 줄어들다가 700미터 근방에서는 산소량이 물 표면의 1/30정도로, 거의 0에 가까워지고 그 아래에서는 되레 약간 증가한다. 아무튼 아래로 갈수록 빛이나 수압도 문제려니와 산소가 부족한 것도(산에서 고도가 높아질 때 그랬듯이) 해산 동물의 분포를 제한하는 원인이 된다. 그래서 500미터 이하에는 괴물에 가까운, 산소가 부족해도 수온이 낮아도 빛이 없어도 좋다는 그런 동물이 적응해 살아 간다. 그런데 이런 악조건에서 살아온 놈들은 다른 곳에서는 못 산다. 그것이 곧 적응이라는 것으로, 사람도 어쨌든 간에 제가 먹고 사는 곳을 제일로 느끼듯이, 이들도 마찬가지일 것이다. 아무리 집이 허술해도 제 집이 제일이라 하듯이 말이다.

이제는 어느 생선보다 살이 부드럽고 맛이 달콤하다는 일미 심해어까지 남획을 해서 해양 생물학자들이 크게 걱정하고 있다. 붉은새우, 쥐꼬리고기 등 150미터 이하에서 사는 것도 마구 잡아 올린다니 기술도 좋고 재주도 좋다. 무엇보다 심해 동물들은 생식력이 약해서 한번 없어지면 다시 살아나기가 쉽지 않다는 데 문제가 있다.

어쨌거나 암흑의 세계를 탐사선 창 밖으로 내다보고 황홀해하는 해양 생물학자들이 부럽다. 바다는 깊고 넓어 연구해야 할 곳이 너무나 많으니 더 깊게, 더 멀리, 더 정확히 봐야 한다. 샅샅이 뒤져 낱낱이 밝혀야 하겠는데 바다 밑 탐사는 출발에 지나지 않는다. 이제 겨우 1킬로미터 근방에서 맴돌고 있으니 말이다. 우리도 서둘러 바다로, 깊은 바다로 눈을 돌려야 할 것이다. 이제 유일하게 남은 보고요, 미지의 세계가 그곳이기에 그렇다.

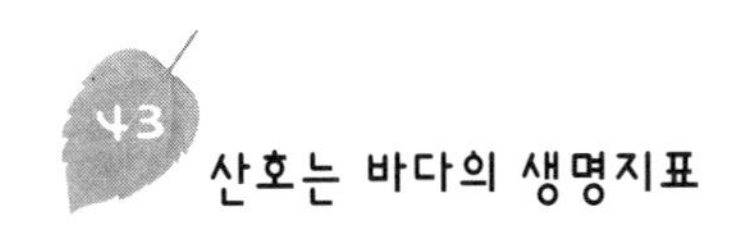

산호는 바다의 생명지표

귀부인들이 차는 노리개 중에 대삼작(大三作)이란 것이 있다. 보통 삼작(三作)으로 줄여 부르는데, 삼작은 호박 중에서 누르스름하고 젖송이 같은 하얀 무늬가 있는 밀화(蜜花)로 만든 부처손(佛手)패물과 산호(珊瑚) 가지, 청강석(靑剛石)인 옥(玉)으로 만든 옥나비 세 가지를 황 · 적 · 남색의 진사(眞絲) 끈에 색을 맞춰 단 것이다.

옛날에는 산호가 귀하여 비녀, 구슬, 브로치로까지 만들 정도였지만 근래에는 흔하다. 산호는 산호충(珊瑚蟲)이라 불렀는데 흔히 우리가 보는 산호는 살아 있을 때의 육질(肉質)은 모두 없어지고 그것을 싸고 있던 탄산칼슘의 골격 성분만 남은 것이다. 보석이라고 하는 진주나 다이아몬드도 사실은 탄산칼슘이 주성분이어서 탄소 덩어리인 셈이다. 그래도 그것들이 여심(女心)을 홀딱 반하게 한다.

산호는 분류학상으로 자포동물(刺胞動物)로 흔히 강장동물(腔腸動物)이라 불러 왔는데, 사실은 이 자포동물과 빗해파리인 유즐동물(有櫛動物)을 합쳐서 강장동물이라 하는 것이 더 옳다. 어쨌거나 산호는 히드라, 해파리, 말미잘과 사촌간으로 물 속에 살아 있을 때는 촉수(觸手)를 뻗어서 먹이를 잡는데, 이 더듬이(촉수)들의 다양한 색깔이 '꽃'처럼 하늘거려 예쁘게 보인다. 산호 말미잘 무리를 영어로 '앤서조우어(Anthozoa)'라 하는데 앤서(Antho)는 꽃, 조우어(zoa)는 동물이라는 뜻으로 직역하면 '꽃동물'이 되겠고, 그래서 서양인들은 '시 플라워(sea flower)'라 한다.

최고의 경제성을 지닌 해양 생태계의 보고, 산호

산호는 세계적으로 주로 열대 지방에 모여 산다. 그리고 특히 산호는 겹겹이 쌓여 산같이 수백 미터 깊이를 이루는데 이것을 산호초(coral reef)라 한다. 드물기는 하지만 우리나라에도 산호가 있기는 한데 열대의 것과 비교하면 크기나 색깔에 훨씬 못 미친다.

산호초는 오스트레일리아, 남태평양 등지에 매우 많으며, 산처럼 뾰족해서 배 바닥을 구멍 내기도 한다. 산호초는 분포하는 모양에 따라 크게 세 가지로 나눠 부르는데 그 옛날 다윈이 산호초를 관찰하고 나눈 것이라 한다. 아직까지 예전과 똑같이 분류하는데 육지를 따라 쭉 보처럼 나 있는 보초(堡礁), 섬을 둘러싸고 있는 거초(裾礁), 말굽형으로(육지나 섬 없이) 나 있는 환초(環礁)가 그것이다. 프랑스가 1995년 온 세계의 반대를 무릅쓰고 핵 실험을 한 곳이 태평양의 전형적 환초이며, 이 산호초를 방패로(멀리 핵 물질이 퍼지지 않게) 실험을 했던 것이다.

산호는 특히 적도 근방에 발달하며, 해양 생태계에서 가장 생산성이 높은 곳이라 '바다의 열대 우림'이라고도 부른다. 산호는 공생 조류에게 집을 제공하는데 1세제곱센티미터에 100~200만 마리가 한 마리의 산호 속에 들어 있다. 이들은 엽록체를 갖는 간단한 구조로 되어 있고(단세포가 대부분이다) 산호 속에서 질소·탄산칼슘 ·인산·이산화탄소를 흡수해서 광합성을 하며, 대신 산호한테 필요한 60퍼센트의 탄수화물과 산소를 공급한다고 한다. 다시 말해, 산호가 광합성 재료를 모두 공급하고(산호는 동물이라 광합성을 못함), 식물인 공생 조류들은 산호에서 받은 재료로 광합성을 해서 필요한 만큼 물질 대사에 쓰며, 일부는 산호한테 되돌려 주는 공생을 한다는 뜻이다. 그런데 산호는 단독 생활을 하지 않고 군체를 이루는 것이 큰 특징으로, 그들이 죽고 또 새로 생기고 하여 바다 밑에 '산'을 만든다. 보석상의 앞 창문에 진열되어 있는 큰 백산호에서 제일 작은 하나의 돌기같이 보이는 것이 실은 한 마리의 산호이고, 그것들이 떼를 지어(군체) 같이 살면서 덧붙어 점점 커 간다.

그리고 산호는 오색 영롱한 화려한 색을 내는데 그것은 입 근방에서 움직이는 긴 팔인 촉수와, 몸 안에 들어 공생하는 조류들의 종류와 양에 따라 다 색이 다르기 때문이다.

열대 우림 지대에 많은 동식물이 어우러져 떼 지어 살 듯이, 바다의 숲인 산호초에는 산호의 천적(天敵) 불가사리와 산호의 먹이인 플랑크톤이나 작은 새우가 모여들어 산호와 생태적인 연계를 갖고 살아간다. 또한 해파리, 성게, 오징어, 해삼, 말미잘, 해면, 패류, 물고기 등이 집이나 은신처로 삼고 모여 살아간다. 여기서 가장 먼저 불가사리를 말한 것은 바다 밑의 주인이 그놈들이기 때문이다. 사막에서 선인장이 주인공이듯 바다 바닥에는 이놈들로 깔려 있다. 맑은 물에 강하게 투과되는 빛을 받아 산호들의 골격은 벽돌 쌓이듯 커가는데 산호들이 그렇게 새 집을 지으면 거기에는 조류들이 촘촘히 들어차서 지금까지 행복하게 바닷살이를 해왔다. 하지만 근래에 와서는 바다 자체의 환경 변화가 산호에 치명적인 영향을 미치고 있다는 연구 보고가 나오고 있다. 바다의 밀림이 공해로 죽어 간다는 말이다.

무엇보다 산호가 표백화(漂白化)되어간다는 것이 문제인데, 여러 가지 원인으로 공생 조류가 빠져 나가고(죽고), 탄산칼슘만 남아서 산호가 하얗게 되었다는 것이다.

산호가 죽으면 바다도 죽는다

산호를 연구하는 학자들은 표백화 현상의 원인을 이렇게 말하고 있다. 열대 해역이 엘니뇨(El Niño) 현상으로 수온이 섭씨 2~3도나 상승하여(최적 섭씨 수온은 25~29도) 여러 가지 병이 생기고 오존층의 약화로 자외선 양이 증가하였다. 여기에 염도의 변화, 빛의 부족, 침전물 증가라는 현상까지 겹쳐 바다에 큰 충격이 가해지는데, 이로 인해 산호의 표백화가 일어난다는 것이다.

좀더 쉽게 설명하면 수온 상승이 가장 큰 원인으로, 이로 인해 스트레스를 받은 산호는 양분(질소, 인산 등)을 공생 조류에게 적게 주게 된다. 그래서 배고픈 조류는 살터를 버리고 산호에서 빠져 나가 버리는데, 이런 과정이 진행되면서 죽은 조류들이 숙주(宿主)인 산호에게 독성분을 분비하여 생물체를 노화시키고, 세포를 죽이는 세포 대사산물인 산소 자유기(oxygen free radical 유해 산소)까지 발생시킨다. 또한 열에 대한 저항성을 갖는 단백질도 변하게 되는데, 이런 이유 등으로 산호는 표백화를 거쳐 죽어 간다는 것이다.

우리는 지면이나 방송을 통해서, 남미 브라질 등지의 아마존 강 유역을 개간하느라 밀림 지대를 자르고 불을 질러 태워서 얼마나 많은 동식물을 죽이고 또 어떻게 생태계 혼란을 야기시키는지를 읽고 본다. 그런데 그곳이 지구의 산소 약 20퍼센트를 제공하는 곳이라는 통계가 있어서 더 충격이다. 한편 지구의 온난화 현상 때문에 바닷물이 섭씨 2~3도나 올라가서 바다 밀림이 망가지고 있는데 이는 산호가 공생 조류를 잃어 제 색이 아닌 죽은 희뿌연 색으로 바뀐 것으로, 밀림의 식물이 엽록체가 파괴되어 광합성을 제대로 못하게 되는 백화 현상(황화 현상)과 같은 정도로 심각하다. 산호가 주는 이 경고 메시지를 귀담아들어야 하겠다. 산호가 죽으면 바다가 죽는다. 바다가 죽으면 그 다음에는 무엇이 죽을 것인가. 심각한 경계 상황이다.

44 물고기가 떼를 지어 다니는 이유

동물 삶의 모습을 굳이 나눠 본다면 혼자살이 하는 단독 생활에서부터 개미 · 벌의 사회 생활, 영장류의 가족 생활 등이 있고, 또 이와 달리 무리를 짓는 군집(群集) 생활, 물 속 산호같이 군체 생활을 하는 것도 있다. 한마디로 생물들은 자기들이 살아가는 데 유리하게끔 나름대로의 방법을 개발해서 다양하게 살아간다. 돌, 바위와 같은 무생물은 그것이 불가능하지 않은가. 생물의 다양성, 가변성, 융통성, 적응성이 돋보이는 대목이다.

여기서는 물고기들이 왜 떼를 지어 다니며, 태어나서(부화 후) 언제부터 떼를 짓기 시작하고, 어떤 물고기가 그렇게 하며, 어떻게 그렇게 수백만 마리까지 모이며, 또 모여 행동하는 것이 그들이 살아남는 데 어떤 도움이 되는가 하는 것 등을 살펴보고자 한다. 이렇게 떼를 짓는 것에는 물고기 말고도 하루살이, 새, 발정기의 뱀, 얼룩말, 사슴 등으로 그 종류가 제법 된다. 고등한 포유류를 살펴보면 무리를 짓는 동물들은 호랑이같이 혼자 따로 사는 힘 센 동물이 아니라, 얼룩말 같은 약한 동물이라는 공통점을 가지고 있다.

물고기의 떼 짓기를 아름답다고 구경하지만…

그러면 물고기의 떼 짓기를 구체적으로 들여다보도록 하자. 여기서 얻은 의문이나 답은 다른 무리를 짓는 동물에도 응용이 가능하지만 동물에 따라 차이가 있다는 것도 염두에 두어야 할 것이다. 물고기들이 떼를 짓는 것은 민물에서 거의 보기가 어렵다(은어, 연어가 바다에서 올라올 때를 제외하고). 모두 바다에서 일어나는 일이기 때문이다. 민물에서 갓 부화된 한배 새끼 잔챙이들이 바위 밑에서 들락거리는 것을 볼 때가 있긴 하지만 큰 고기가 되면 모두 뿔뿔이 흩어지고 만다. 그래서 생각을 바다로 돌려 놓고 이 글을 읽어 나가길 바란다.

사실 물고기의 떼 짓기는 갈매기나 어부에게 더없이 신나는 일이다. 그런데 여기서 말하는 물고기 떼는 물고기가 규칙성도 없이 중구난방으로 많이 모인 물고기 무리와는 그 성질이 판이하게 다른 것으로, 하나의 본능적인 행위로 봐야 하고, 해부학적 분화를 통해서 진화한 사회적 모임이라고 해야 한다. 몇 사람이 코마개를 하고 팔다리를 맞춰 율동하는 수중발레를 볼 때면 물고기 떼가 왔다 갔다 움직이는 것을 연상하게 되는데, 고기들도 움직여 나가는 것을 보면 머리 방향이나 몸의 간격이 같고, 옆의 것과는 끼리끼리 평행하게 한 놈처럼 정확하게 몸놀림을 한다. 그런데 물고기는 새 떼처럼 앞서 나가는 리더가 있는 것이 아니라, 떼의 사방 가장자리에 있는 놈들이 때에 따라 대장이 되어 앞으로 가다가 또 옆으로 방향을 틀면 옆 가장자리에 있던 놈이 대장이 된다. 일사불란하게 앞으로 가다가 옆으로 돌아가고 그러다가 또 앞으로 가는 그들의 행동은 날렵하기 짝이 없다. 그런데 수조 속에서 떼를 지어 움직이던 놈들에게 먹이를 주면 중구난방으로 규칙성과 통일성이 무너지고 만다. 어궤조산(魚潰鳥散)이란 이때 하는 말이다.

고기 떼의 특성을 보면 수백만 마리가 하나같이 크기가 비슷한데,

크기에 차이가 나면 속도 조절이 어려워 그렇다(큰 놈일수록 빠르다). 그리고 고기 종류에 따라 고기 떼의 전체 모양이(하늘 위에서 볼 때) 다른데, 이는 이것들이 3차원적 구조를 하고 있기 때문이다. 청어 떼는 하늘에서 보면 큰 아메바 모양을 하고 있는데 어떻게, 왜 그런 떼를 짓는 것일까.

고기들은 일정한 간격(공간)을 유지하면서 같은 속도로 평행하게 일정한 방향으로 움직여 나가다가 어떤 자극이 나타나면 그것에 대해서 순간적으로 동일한 반응을 일으키는데, 이것은 선천적이며 종마다 다른 특징을 나타내는 본능 현상으로, 통합된 중앙 조절계가 있다고 본다.

바다에 사는 어류 중에서도 떼를 짓는 놈은 2,000종이 넘는다고 하는데 대표적인 것이 고등어, 청어, 다랑어, 숭어 등이다. 그런데 이것들은 바다에 뿌려 놓은 알에서 나와 자라면서 떼를 이룬다. 부화 직후에는 떼를 짓지 못하고 일정한 크기가 되었을 때 떼 짓기를 시작한다. 처음에는 두 마리가 가까이 머리를 맞대고 만나 방향을 틀면서 나란히 가고 그 뒤를 따라 다른 두 마리가 따라온다. 그러면 두 마리 옆에 또 다른 한 마리가 달라붙으면서 점점 큰 떼를 이룬다. 이런 행동(경험)이 축적되면 작고 약한 자극에는 자극 쪽으로 반응을 일으키나, 큰 소리나 물리적 충격 등 강한 자극에는 피해 가는 것이 새끼들의 일반적인 반응이다. 강가 바위 밑에서 눈챙이들이 노니는 것에서도 같은 반응을 볼 수 있다.

물고기 새끼를 재료로 한 엉뚱한 실험 한 가지를 소개하면, 지금처럼 친구를 만나 떼 짓기를 배우는 시기에 치어들을 무리에서 격리시켜 봤더니 사망률이 엄청나게 높아지더라는 것이다. 통계를 보면 떼

속에서 산 놈들은 백에 한 마리가 죽는 데 반해서, 따로 수조에 넣은 놈들은 사망률이 열 배나 높았다. 통계란 믿을 수도 없고 믿지 않을 수도 없는 것이라지만 열 배나 차이가 난다면 믿지 않을 수가 없다. 또 여러 마리 같이 자라는 놈들은 부화 후 뱃속에 아직 알막 속에서 먹다 남은 난황(卵黃)이 남아 있는데도 불구하고 던져준 먹이를 먹기 시작해, 격리시킨 놈에 비해서 섭식 시작 시기가 훨씬 빠르더라는 것이다.

물고기나 공작이 그렇고 원숭이도 장난치면서 놀아 줄 친구가 있어야 한다. 이런 관찰이 있다. 수놈 공작 한 마리가 있었는데 옆방에는(철망이 막고 있다) 코끼리거북이 있어서 어려서부터 같이 컸다고 한다. 수놈 공작이 이제는 커서 발정기가 되었는데 이상하게도 암놈 공작한테 멋진 사랑의 나래를 펴는 것이 아니라 못난 코끼리거북 쪽으로 몸을 돌려 날갯짓을 하더라는 것이다. 어려서 공작과 같이 못 자란 그 수놈 공작은 그 거북이 친구로, 짝으로 각인된 것이다.

또 원숭이를 키우면서 세 부류로 나눠 키워 봤다고 한다. 우리 속에 혼자 가둬 키운 놈, 격리시켜 키우지만 가끔 친구들과 놀게 한 놈, 자유롭게 어울려 자란 놈 등.

독자 여러분은 어떤 결과가 나왔는지 충분히 짐작이 갈 것이다. 분명한 것은 동물이나 아이들이나 자라면서 형제자매(친구)와 어울려 싸우고 장난도 하면서 커야 사회성도 뛰어나고 적응력도 강해진다는 점이다. 장난치는 일은 모두 어린 동물들의 본능이라 보면 된다. 강아지나 곰돌이나 사람이나 매한가지다.

물고기 이야기로 돌아와서, 이들 물고기도 새끼들이 서로 떼 지어 살아야만 튼튼하게 잘 큰다는 것을 공작, 원숭이 이야기를 보태어 설명해 봤는데, 사람도 형제가 많아서 함께 어울려 커야 잘 자란다.

이번엔 격리시켰던 새끼 물고기를 떼를 지어다니는 수족관에 다시 넣어 봤는데, 처음에는 일정하게 움직이는 친구들과 호흡을 맞추지 못하고 여기저기 부딪히면서 무리와 떨어져 있는 등 시행착오를 계속하더니 4시간 정도가 지나자 친구들과 같이 행동하였다. 그렇다면 어떻게 이런 통일된 행동을 하는 것일까. 올챙이가 떼를 지을 때 서로 냄새를 맡아 모인다는데 이놈들도 그런 것일까. 이렇게 떼를 지어 다니면 어떤 점이 유리할까.

첫째, 떼를 짓는 데는 시각적인 것이 큰 몫을 한다. 눈치가 빠른 물고기들이라는 말이다. 눈이 성하지 못한 놈은 떼를 이루지 못하고, 외눈박이는 성한 눈 쪽에 항상 떼거리가 있는 것을 관찰할 수 있다. 물고기는 원시(遠視)이기 때문에 흐릿한 상(像)에도 예민하게 반응한다고 한다. 이런 실험을 하기 위해서 학자들은 물고기 눈에 콘택트 렌즈도 붙여 봤다고 하니, 우습기도 하지만 한편으로 외경스런 느낌마저 든다.

둘째, 시각 말고도 청각이 작용한다고 보는 것이다. 언젠가 필자가 백령도로 채집을 나갔을 때 팔십 노인 할아버지가 젊은 시절 연평도에서 조기 잡이 하던 이야기를 들려 주었는데 "조기 떼가 연평도로 산란하러 밀려 올 때는 조기 소리가 꼭 '우~' 하는 바람 같은 소리를 냈다"는 말을 해 주셨다. 이것이 바로 떼를 짓기 위해 행하는 물고기들만이 알아듣는 교신의 소리가 아니겠는가. 어쨌든 물을 가르면서 차고 나가는 소리가 고기 종류에 따라 다르고, 그래서 조기 떼는 '조기 소리'를 내는 것이다.

셋째, 다음과 같은 실험에서 고기들이 시각적인 것 외에도 떼를 짓게 하는 또 다른 기작이 있다는 것을 알 수 있다. 고기 떼 사이에 투명한 유리 칸막이를 두고 관찰해 봤더니 처음에는 서로 가까이 가서 마주보고 관심을 나타냈으나 나중에는 흥미를 잃고 서로 쳐다보지도 않더라는 것인데, 이것은 곧 맛이나 냄새가 관여할 것이라는 증거다.

넷째, 어류의 감각 기관에 수온, 수압, 화학 물질 등을 알아내는 측선(側線)이 있어서 진동과 수류까지도 감지를 하니, 이 기관이 떼 짓기에도 중요한 일을 할 것이라고 본다. 측선은 옆줄이라고도 하는데, 물고기의 머리에서 꼬리 쪽으로 배 중간을 질러 난 것을 말한다. 현미경으로 보면 비늘에 구멍이 뚫려 있고 그 아래까지 신경이 분포해 있다.

어쨌거나 앞에서 기술한 여러 방법으로 떼를 짓는 어류가 무척 많다고 하니 살아가는 수단 중에서 성공한 행동이라고 봐도 되겠다. 이들은 모두가 작고 납작한 가슴지느러미를 가져서 행동이 느린 편이고, 먹이가 있어도 뒤로 바로 몸을 틀지 못하고 한 바퀴 빙 돌아와서 앞으로 헤엄쳐 가는 물고기들이다.

그렇다면 이러한 떼 짓기 현상은 어떤 적응 현상이라고 봐야 하는가. 첫째, 큰 물고기 떼가 움직여 소리를 내면서 달려가면 포식자가 겁을 먹을 것이고, 또한 먹을 것이 너무 많으면 천적은 어느 것도 먹지 못하는 혼란에 빠진다고 한다. 둘째, 떼를 지어 먹이를 먹는 것을 소셜 피딩(social feeding)이라 하는데, 격리된 놈들보다 떼를 지어 다니는 놈들이 더 많이 먹는다고 한다. 닭에게도 힘센 놈 순서대로 먹이를 먹어 대는 페킹 오더(pecking order)라는 것이 있는데, 어떤 경우는 혼자서 모이를 실컷 주워 먹어 배가 부른데도 다른 놈들이 달려와서 제 앞에 남은 것을 먹기 시작하면 그놈도 시샘하여 경쟁적으로 더 먹는다. 셋째, 떼를 지어 다니면 먹이 찾기가 쉽다고 한다. 다시 말해서 먹이 떼를 만날 가능성이 더 높아진다는 것이다. 넷째, 멀리 이동할 때 혼자 가는 것보다 힘이 덜 든다고 하는데, 앞에 간 놈들이 이뤄 논 소용돌이를 타고 가기 때문에 훨씬 쉽다는 것이다. 마지막으로 암수가 여러 마리 같이 있어서 산란기의 짝짓기에 드는 에너지를 절약할 수가 있고, 산란과 방정(放精)을 동시에 하기 때문에 수정될 확률이 훨씬 높아진다는 유리한 점이 있다.

물고기들 중에도 보통 때는 따로 살다가도 산란기에는 떼 짓기를 해서 산란 · 방정을 한다고 하니, 떼 짓기가 생식 방법으로는 더욱 효과적인 수단임에 분명하다. 이렇게 물고기 한 마리의 행동에도 여러 가지 복잡한 까닭이 들어 있다. 우리가 관찰하고 실험한 것의 옳고 그름은 차치하고 말이다. 분명한 것은 우리가 알고 있는 그들에 대한 앎은 아마도 1퍼센트가 못 되는 빙산의 일각에 지나지 않는다는 점이다.

사람이 하는 사람에 대한 연구도 그 수준에 머물고 있으면서 이렇게 어렵사리 자연계를 연구하는 이유는, 그들을 거울 삼아 우리를 그들에게 투영해 보자는 것이다. 이 해맑은 자연의 거울에 먼지를 끼게 한다거나 흠집을 내는 것은 곧 우리의 얼굴에 똥칠을 하는 것이나 진배없다.

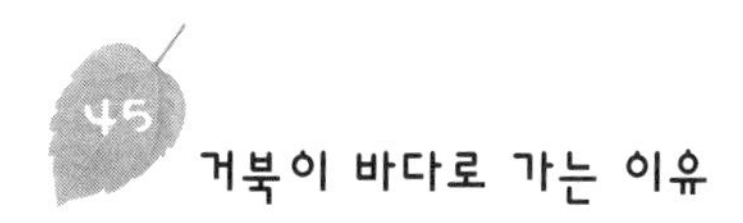

45 거북이 바다로 가는 이유

텔레비전에서 보는 '동물의 세계'는 신비롭기도 하지만 약육강식의 정글 법칙을 보고 있노라면 정말로 잔인하고 참혹하다는 생각이 든다. 너를 죽이지 않으면 내가 죽는다는 저 세계를 어린이들에게 반복해서 보여 주는 것이 과연 그들의 정서 교육에 도움될까 싶다가도, 어쨌든 사람 사는 게 바로 저럴진대 어릴 때부터 가르쳐야 하지 않을까 하는 생각도 든다. 그런가 하면 알(새끼)을 낳아 희생적으로 새끼를 키우는 장면에서는 교육적으로 좋겠다는 생각이 든다.

우리가 거기서 가끔 접하는 것이 거북이 새끼들이 알에서 나와 바다로 떼 지어 달려가는 장면인데, 그것이 본능이라는 것을 알면서도 어떻게 눈도 덜 뜬 놈들이 저렇게 물 냄새를 맡고 달려가며(포식자가 있다는 것은 어디서 배웠으며), 또한 어떻게 저것들이 크면 제가 태어난 저곳으로 다시 와서 모래 속에 알을 낳는지 그저 신기할 뿐이다. 연어, 뱀장어 등 물고기들의 모천 회귀(母天回歸)에 관한 것은 잘 알려져 있다. 그렇다면 이놈들이 제 알자리를 찾는 것을 뭐라 이름 붙이는 것이 좋을까. 모해변 회귀 본능이라 할까 모사장 회귀(母砂場回歸)라 할까. 아무튼 그 넓은 바다를 4~5년 씩이나 돌아다니며 먹이를 잡아먹고 살다가 바로 제가 태어난 그 해변에 찾아든다.

우리나라에는 거북 무리가 네 종 있다. 바다에 사는 바다거북, 장수

거북, 민물산인 자라, 남생이가 그놈들인데, 이 중에서 크기는 남생이가 제일 작다. 방생용이나 관상용으로 수입한 열대성 자라는 추위에 약해서 성체는 강에서 월동을 하지만 번식이 되지 않는다. 그리고 거북은 파충류(爬蟲類)로 도마뱀, 뱀, 악어, 공룡도 이에 속하며 모두가 알을 낳고 냉혈성이다.

바다의 거북 생태 이야기로 들어가기 전에 민물에 사는 자라를 조금 보고 가자. 먼 곳에 가 있는 자식 생각에 젖어 있는 모심(母心)을 "자라 알 바라듯 한다."고 한다. 자라는 오뉴월에 강가 모래사장에 굴을 파고 한배에 보통 60개 정도의 알을 낳고, 낳은 후 약 2개월이 지나면 부화된다.

EBS에서 부화 과정에 대해 방영한 적이 있었는데, 거기서 보니 이놈들도 바다거북들처럼 부화되자마자 강물로 냅다 달려갔다. 자라나 거북은 목이 특징인데(모두 뼈가 여덟 개다), 급하면 등의 갑(甲) 밑에 집어 넣을 수가 있어서 "자라목 된다."고 한다. 목의 신축력이 강해서 평소에는 작아도 발기하면 매우 커진다는 '자라 자지'란 말도 거기서 생겨났고, 자지의 대가리를 귀두(龜頭)라 하여 남자의 음경을 자라에 비교한 것도 흥미 있는 일이다.

그리고 예부터 거북이나 자라를 용궁(龍宮)까지 가는 영물로 취급하여 함부로 다루지 않았다고 하지만 요새는 수입한 자라의 뱃바닥에 펜으로 '소원 성취' 따위의 글을 써 강에 방생한다. 옛날에 사람도 적고 할 때는 이런 방생도 가능했겠지만 지금은 아니다. 이제는 외제 자라 새끼 사다가 강에 뿌리는 방생 따위는 삼가야 할 것이다. 이것도 알고 보면 또 다른 모습의 살생이다.

천 마리의 새끼 중 되돌아오는 놈은 단 한 마리뿐

장수의 상징물인 바다거북 이야기로 들어가자. 여름날 오후 해가 지자마자 미국 남부 플로리다 해변에는 난리가 난다. 해 지기를 기다리며 알에서 막 깨어난 거북 새끼놈들이 설쳐 대기 때문이다. 한 달여 전 어미 거북이 40센티미터 모래바닥에 굴을 파고 한 굴에 100여 개씩(여러 굴에 수천 개를 낳는다) 묻어 놨으니 거의 동시에 알에서 나온 새끼 떼가 죽 끓듯 한다. 위에 있는 놈은 모래 천장을 파내고 옆의 놈은 벽을 허문다. 그러면 아래 놈들은 어영차 모래를 밟으며 한 발자국씩 위로 올라와 해 지기를 기다렸다가 바다로 바다로 행렬을 이룬다. 꼬무작 모래 뚜껑을 열고 올라오면 뒤집어쓴 모래톨 털 틈도 없이 앞에 놈이 달려가는 쪽을 따라서 종종 내닫는다. 귀신게에 뒷다리를 물린 놈, 여우에 먹히는 놈, 갈매기에 쫓기는 놈 등 아비규환의 소리가 바다 사막을 뒤덮는다. 운 좋게 살아남은 새끼들이 바닷물에 몸을 담그고는 아이구 살았구나 하는 순간 고기 떼가 달려들고, 역시 물새들이 내리꼽아 잡아 물고 간다. 한시도 한눈을 팔 수 없이 살아야 하는 저 새끼들이다. 눈 깜짝할 사이에 일어난 생존 투쟁이다.

바다거북은 전 세계적으로 일곱 종이 있으며 종에 따라 체장(體長)의 형태(무늬)가 다 다르다. 가장 작은 놈은 1미터가 채 못 되고 제일 큰 장수거북[*Dermochelys coriacea* sp.]은 2미터가 넘는다.

이놈들의 어미는 물에 살지만 알은 뭍에 낳는데 척추동물 중에서도 어류 · 양서류는 물에 알을 낳고, 파충류와 조류는 땅에 알을 낳는다. 거북의 알에도 새의 알처럼 난황이 많이 들어 있어서 모체의 양분을 받지 않고 조건(온도 · 습도)만 맞으면 저절로 발생이 일어나는 난생(卵生)을 한다.

그런데, 알에서 깬 새끼들이 어둑어둑하기를 기다렸다 어느 순간에 때 맞춰 바다로 내빼는 것이 게, 새 등의 천적이 무서워 피하기 위함일까. 아니면 하늘의 별과 달빛을 보고 바다의 방향을 찾아가기 위함이었을까.

여기 이야기의 대상은 미국 플로리다에 사는 붉은바다거북[*Caretta caretta*]이라는 종인데 우리나라 근해에도 자주 나타나는 바다거북[*Chelonia mydas japonica*]과 매우 유사한 놈으로, 일단 사막을 떠나 바다에 들어가면 몸 길이가 0.5미터가 되기 전에는 미국 근해에 나타나지 않고, 그 동안에 대서양에까지 가서 풍부한 먹이를 섭취하며 큰다고 한다. 보통 떠났던 새끼 천 마리 중에서 한 마리 정도만이 살아 돌아와 같은 해변을 찾는다고 하니, 얼마나 바닷속 생존 경쟁이 치열한지 짐작이 간다. 계산해 보면 회귀율 0.1로, 2퍼센트 정도 된다는 우리나라 동해안의 연어 회귀율에도 훨씬 못 미치는 수치다. 저쪽 북태평양까지 다녀온 연어보다 더 험한 바닷살이를 했음을 의미한다.

거북은 광활한 바닷속에서 어떻게 되돌아올 수 있을까

그렇다면 이것들이 어떻게 눈대중할 물건 하나 없는 광활한 바다를 몇 년간 헤매다가 제 태어난 자리로 돌아올 수 있었을까. 암놈은 반드시 제가 태어난 곳을 알아차린다고 한다. 본능이란 답이 있겠으나 그 본능의 정체는 무엇일까. 일반적으로 새나 물고기들의 연구에서 밝혀진 것과 이들 거북도 유사할 것으로 보는데, 태양(낮)과 별(밤), 냄새, 지자장(地磁場), 풍향, 바닷가에 부딪히는 파도 소리 등 깊은 바닷속까지 미치는 소리 중에서 어느 것을 이용하는지 같이 보도록 하자.

사실 미련한 듯 우둔한 듯 보이는 180킬로그램이 넘는 어미 거북으로는 실험하는데 어려움이 많아 주로 새끼로 실험을 했다. 예를 들면 부화된 새끼들에게 꼬리표를 붙여서 바다로 내보낸 다음 커서 돌아오는 것을 본다든지, 어느 바다에서 잡았을 때 붙여 둔 표의 부착 여부 등을 통해 연구했다고 한다. 그런데 결과적으로 거북은 눈이 근시안이라 물 밖에 나오면 별을 보지 못한다고 하니 별자리를 보고 이동하는 것이 아니라, 다른 동물들처럼 지구의 자장을 이용해 이동하거나 파도의 방향, 즉 파도가 치는 쪽(쳐오는 쪽)으로 항상 이동한다는 것을 알아냈다.

지구 자체가 하나의 큰 자석으로, 지자장이 밤낮으로 같고 환경 변화에 영향을 받지 않는다는 점에서 동물들이 이동하는 데 이용하기가 좋다. 이 지자장을 연어, 다랑어, 상어 같은 물고기는 물론이고 양서류, 곤충, 연체 동물까지도 알고 이용한다. 거북도 그런가를 알기 위해서 첫 번째로, 새끼 거북들을 1미터 직경의 큰 접시 위에 올려 매어 놓고 컴퓨터로 움직이는 방향을 기록해 봤더니, 항상 가는(가야 하는) 쪽으로 몸을 돌렸고 불을 끄고 연속 관찰해 봐도 같은 결과가 나왔다. 그래서 이것을 이놈들이 동서남북을 알아서 움직인다는 증거라고 보았다. 즉, 이동에 지자장을 이용한다는 것이다. 두 번째로, 자연 상태(바다)로 나가서 실험을 했는데, 물에 뜨는 부이(buoy)에 줄로 새끼들을 묶어 매고 어떻게 이동하나를 추적했다. 바닷가에서도, 또 모래가 안 보이는 저 먼 바다에서도, 첫 번째와 같은 방향으로 헤엄쳐 갔다. 그런데 더운 날 이른 아침 실험 수조 안의 새끼들이 방향을 잃고 혼란 상태에 빠져 있어 이것을 보고 연구원들도 혼란을 일으켰다는데, 알고 보니 산들바람이 불어 놈들이 종잡을 수 없는 파도가 생겼기 때문이었다. 그래서 일부러 파도를 일으켜 보니 새끼들이 하나같이 파도가 밀려오는 쪽으로 수영을 하지 않는가! 자연 상태에서 바람이 불어 바닷가로 파도가 치는데 이와 반대 방향으로 파도를 일으켜 봤더니(땅에서 바다 쪽으로) 이놈들이 모두 땅 쪽으로 이동하더라는 것으로, 이는 지자장보다 파도에 더 크게 영향을 받는다는 것을 의미한다. 이렇게 바닷가에서는 파도에 반응하고 먼 바다에서는 해풍을 이용해 일정한 방향, 즉 가고 싶은 곳으로 이동한다. 해풍은 수백 킬로미터 멀리서도 지역 기후 형태에 관계없이 몇 달 동안 계속되는 것이라 이들이 민감하게 이용한다고 본다.

거북은 수백만 년 동안 변하지 않고 살아온 바다의 살아 있는 화석이라 할 수 있는데, 지금은 성체는 벽걸이 관상용으로 잡아 대고 알은 정력에 좋다고 다 쓸어 담아 그 수가 줄어들었고, 해양 오염으로 인해 숨이 차고 그물에까지 걸려드니, 큰 위험에 처해 있다 할 수 있다. 멸종이 되기 쉬운 종이라는 뜻이다. 십장생(十長生)의 거북이 명 끊어질 날이 멀지 않았다면 사람이 죽을 날도 가까워 온다는 말이 되겠다.

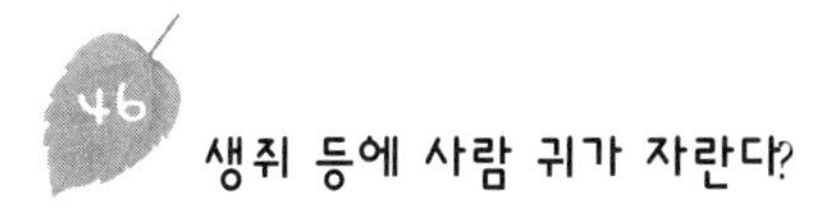

생쥐 등에 사람 귀가 자란다?

집안에서도 좀 색다른 행동을 하는 동생을 보고 "저 애는 돌연변이가 일어났다."고 하는데, 정녕 다른 사람과 다르다는 것을 개성이라 말해도 된다면 돌연변이는 있어야 하는, 대접 받는 생물 현상의 하나라 보겠다. 그것과 함께 몇 가지 새로운 생물 지식을 소개한다.

돌연변이는 아니지만 어떻게 난자와 정자가 수정하여 자식을 만드는가! 꽃가루와 밑씨는 어떻게 종자를 만들어 내는가. 생명을 잉태하는 수정란의 발생 과정은 생명의 탄생이라 너무나도 복잡다단하다.

이제는 사람들의 눈이 트이고 귀가 뚫려서 알(난자)이 혼자 발생하여 새끼가 된다든지(卵原說), 정자가 혼자 제대로 커서 새끼가 생긴다든지 하는(精原說) 생각은 하지 않게 되었고, 소나 돼지의 짝짓기를 봐서도 분명히 수정이라는 과정이 있다는 것을 알고 있다.

그러나 비록 책을 통해 그 과정을 읽었다고는 하지만, 생물학을 전공하는 우리도 어떻게 눈에도 안 보이는 저 한 개의 수정란이 자라서 초파리, 사람이 태어나는가 하는 의문을 떨칠 수가 없다. 사람의 경우도 어떻게 한 개의 세포가 세포 분열을 계속하여 간 세포, 위 세포 등 250가지 이상의 다른 세포형(크기, 모양, 성질이 다르다)이 되며, 어떻게 간, 위, 창자, 눈을 구성하는 그곳을 찾아가 자리를 잡고 그런 기관을 만드는지 모두가 신비롭다는 것이다. 간 세포가 뇌에 가 있다거나 위

세포가 허파에 가 있다면 웃기는 일이 아니겠는가. 하니 조물주의 힘은 대단타 하지 않을 수가 없다. 그런데 여기 생물학(발생학)에서는 창조주라는 말을 쓰지 않고 건방지게도(?) 그 일을 유전자(遺傳子)가 한다고 한다. 어쨌든 한 생명체를 만들어 나가는 발생 과정만으로도 정녕 신기하다고 할 수 있는데 조직이나 기관들의 형성도 일정한 장소, 일정한 시기를 맞춰 일궈 낸다니 탄성이 절로 나온다.

그런데 끈질긴 실험을 통해 유전 인자가 조직에 따라 각각 다른 유전 정보를 내려서 서로 다른 단백질을 만들게 하고, 그리하여 여러 조직의 특성을 나타내게 한다는 것을 알아냈다. 그것을 쉽게 풀어서 설명하는 것이 어려운 일이긴 하지만 독자들에게 도움이 될 만한 몇 가지 내용을 골라서 설명해 본다.

가장 먼저, 모든 체세포(體細胞)는 염색체를 가지고 있는 2n 상태(난자와 정자는 염색체를 반씩 가지고 있어 n 상태다)로, 모든 세포의 핵 속에 똑같은 유전 인자가 다 있다는 것이다. 예를 들어 간, 위, 뇌, 손바닥(뿌리, 줄기, 잎)을 구성하는 체세포들은 핵에 똑같이 모든 유전 인자를 가지고 있지만 핵 DNA의 부분부분이 한 개의 유전 인자로, 세포에 따라서 고유한(특유한) 부위의 유전자만이(활성화하여) 단백질과 효소를 만든다. 그래서 그 특유한 단백질과 효소가 그 조직 특유의 성질을 내는 것이다. 그래서 간과 위가 각각 하는 일이 다르고 특성도 다르다. 눈에 보이지도 않는, 사람 세포 하나에 2미터의 DNA가 들어 있는데, 2미터 중에서 어느 부분이 활성화되어 단백질(효소)을 만드느냐에 따라 세포(조직)의 성질이 달라진다는 말이다. 참 설명이 어렵다. 다른 말로 하면 나의 간이나 위, 손바닥 등 몸의 어느 세포 하나를 각각 떼 내어 어떤 기술인가로 이 세포들을 키워 내면 지금의 나와 똑같은 권오길이 복제될 수 있다는 것이다. 하나의 체세포에 모든 유전 인자가 다 들어 있다는 것을 새삼 강조해 둔다.

그리고 유전 인자는 주위 환경이나 화학 물질의 영향을 받는다. 발생 과정에서 한 조직을 잘라 이식해 보면, 어떤 때는 이식된 곳에서 새 조직이 형성되어 다리가 다섯 개인 개구리가 생기는가 하면 한 마리의 새로운 정상 동물이 되기도 해, 이것을 봐도 시기에 따라 어떤 화학 물질이 유전자 발현을 조절한다는 것을 알 수 있다. 그런데 이식은 언제나 가능한 것이 아니라 발생 초기(낭배기)에만 가능하다.

또 대장에 사는 대장균(大腸菌)에 우유의 락토오스(lactose)를 넣어줬더니 원래는 가지고 있지 않던, 젖당을 분해하는 효소 락타아제(lactase)를 만들어 내기 시작하더라는 것인데, 이것은 생물이 환경에 적응한다는 의미다. 그것은 젖당 분해 효소를 분비해서 에너지를 얻기 위한 대장균의 빠른 적응으로, 곧 유전 인자 중에서 효소 합성 부위의 유전 인자가 활성화된 것이다. 이는 평소에는 그런 기능이 일어나지 않았으나 환경이 달라지자 새로운 유전자 발현이 일어난 좋은 예이다. 사람을 포함하는 고등 동물에도 이런 유사한 일이 헤아릴 수 없이 많이 일어나는데, 특히 위기에 처했거나 어떠한 원인으로 호르몬이 과다하게 분비될 때 평소에 작용하지 않던 유전자 부위가 작동을 한다. 바로 이것이 세포 단계에서 말하는 적응(適應)이라는 것으로

세포의 적응 없이는 생물체의 적응도 없다고 볼 때, 결국 유전자의 적응이 생물의 적응이라 해도 과언이 아니다. 같은 유전 인자도 때와 조건에 따라 활성화되기도 하고 되지 않기도 한다는 뜻이다.

그런데 유전자의 돌연변이는 다른 말로 새로운 유전자를 만든다는 의미가 된다. 그것이 적응에 이로우면 대대로 이어져 신종(新種)도 만

들어지지만 만일 생존에 불리한 돌연변이라면 멸종의 원인이 될 수도 있다. 길고 긴 생물 역사에 이렇듯 신종 생성과 멸종이 반복되어 왔는데, 그 원인이 한마디로 유전 인자(DNA)에 있다는 것이다. 이런 현실이 성체에서도 일어나지만 연속되는 수많은 발생 단계에서도 일어난다는 것을 생각하면, 사람의 십만 개 이상의 유전자가 이상 없이 정상 생물로 태어난다는 것 그 자체가 기적이 아닌가 싶다.

그리고 돌연변이 물질(대부분이 발암 물질이 된다)을 다루는 많은 사람들 손톱에 어찌 하여 머리카락이 나지 않는지 신기하기만 하다. 무슨 뚱딴지 같은 소리를 하고 있는가. 머리카락이나 손발톱은 모두 상피 조직이 변한 케라틴이 주성분으로, 다른 조직보다는 서로 성질이 비슷하다. 현재 각질을 만드는 손톱 아래 세포들의 유전 인자(DNA 부위) 중 손톱을 만드는 부위만 활성화되어 손톱을 만든다. 그런데 여기에 돌연변이 물질이 작용하여 세포의 유전 인자가 돌연변이를 일으켜서 머리카락을 만드는 염기 배열 순서를 갖게 되었다고 치면 이제는 손톱 대신 센 털이 나오게 되는 것이다. 손톱에 센 털이 난다!

그 반대의 경우를 상상해 보라. 예가 좀 흉흉하고 공상적이기는 하지만 그렇게 되는 것이 돌연변이라는 것이다. 이렇게 육안으로도 보이는 돌연변이가 있기도 하지만, 대부분의 경우는 미시적이고 보이지도 않는 돌연변이가 많이 일어나 생리적인 변화를 일으킨다.

초파리 한 마리에 열네 개의 눈이 있다?

여기서 초파리의 예를 하나 더 들어 보자. 파리나 초파리는 모두 뒷날개가 퇴화되어 평형곤(平衡棍)으로 변해서 날개가 두 장밖에 없는 쌍시류인데, 얄궂게도 평형곤에 다시 뒷날개가 생겨 네 장의 날개를 갖는 돌연변이 초파리가 생기는 경우도 있다니, 아마도 역진화를 하고 싶었던 모양이다. 그리고 이것은 날개가 되는 것과 평형곤이 되는 유전자 중에서 간단한 DNA 염기의 차이(변이)에 따른 돌연변이이다.

초파리의 다른 이야기를 보태 보자. 한 생물체의 머리, 가슴, 무릎, 뒤꼭지, 손가락 끝에 눈이 붙어 있다면 어떤 일이 일어날까. 뒤꼭지나 손가락 끝의 것은 평소에는 불편하기 짝이 없겠지만 시험 때는 정말로 유용할 것이다. 영화나 신화(神話)에 나올 법한 징그러운 이야기지만 요새 사람들은 요술을 부리듯이 '유전자 조작'으로 괴물 초파리를 만들어 냈다. 눈 옆과 다리, 날개, 더듬이 등에 열네 개의 눈이 붙은 초파리를 만들어 냈다는 것이다. 눈을 만드는 데 관계하는 유전 인자 여러 벌을, 발생하는 초파리 배(胚)에 집어 넣어 만들었다는 것인데, 다행인지 불행인지 그 눈들이 완전한 시력을 발휘하지는 않았다.

또 다른 괴팍한 실험이 있었다. 초파리의 눈을 만드는 유전자를 제거한 초파리의 배에 쥐의 눈을 만드는 유전 인자를 넣었더니 초파리의 눈과 같은 복안이 만들어졌다는 것이다. 쥐의 유전자가 초파리 몸에서는 제 특성을 잃고 초파리 유전자처럼 기능을 발휘한다는 실험이다. 쥐의 눈은 사람의 것과 다를 바 없고, 초파리의 눈은 단안(하나하나가 렌즈를 가진다) 800여 개가 모여서 된 복안(複眼)이라 서로 구조가 아주 딴판이다. 하지만 이 실험은 눈을 결정하는 모든 유전자가 원래는 같은 뿌리에서 진화해 왔다는 것을 암시하고 있다. 그렇다면 5억 년 전 저 바다 밑에 살던 벌레 무리의 눈이 조상의 눈이라고 봐도 되겠는데, 그렇게 보면 사람 눈도 '큰 벌레'나 '큰 파리'의 눈에 지나지 않는 게 아닌가. 따라서 초파리와 사람의 눈을 만드는 유전 인자는 DNA 염기 배열이 아주 비슷하다는 말이 된다. 유전 인자가 비슷하면 비슷할수록 가까운 유연 관계를 갖는다고 한다. 그리고 이보다 더 고약하고 괴팍한 실험을 했는데 '생쥐의 등에 사람 귀'를 붙이는 실험으로, 1995년 미국의 『디스커버(Discover)』 과학잡지 '금년의 최고 성과'로 뽑힌 실험이다.

질병이나 사고로 잃어버린 신체를 다시 원상 복구시키는 연구가 활발히 진행되어, 성인이라 하더라도 손상된 장기나 조직이 다시 자라나게 하는 새로운 기술인 '조직 공학(組織工學)'이 상당한 성과를 거두고 있다.

조직 공학을 이용해 '사람 귀를 등에 업은 생쥐'를 탄생시켰다. MIT의 조직 공학자인 그리프스 박사팀이 성공한 이 생쥐는 실제 사람의 경우에도 이 같은 조직의 재생이나 성장이 가능하다는 것을 보여 주었다. 연구팀은 생물학적으로 분해되는 고분자 물질로 정교한 귀 모양의 형틀을 만들고, 여기에 인간의 연골 조직 세포를 심고 거부 반응을 없애기 위해 면역 기능을 없앤 생쥐에 이식했다. 생쥐의 등에서 영양분을 섭취한 연골 세포는 마치 등에 업힌 것처럼 자라났고, 고분자 물질로 만든 틀인 폴리머(polymer)는 녹아 버렸다.

실제 사진을 보면 생쥐 등 거의 모든 부분에 연골인 사람 귀가 붙어 있는데, 일견(一見)에 망막까지 찡그리게 되고 소름까지 끼친다. 귀 반 쥐 반 크기로 귀가 커진 사진이다. 다른 동물의 몸 안팎에 사람의 기관을 키워서 그것을 사람에게 이식시키겠다는 취지는 좋으나 사람 능력의 한계를 넘은 게 아닌가 싶다.

여기 또 엄청난 일을 벌이고 있는 학자들이 있다. 호기심과 정복욕으로 가득 찬 사람들이라 평하는데, 조직 공학법으로 귀를 만들어 내듯이 유전 공학법으로 처리한 사람의 유전자를 돼지에 넣어서 키우고, 그 돼지의 기관을 다시 사람에 이식하는 것이 멀지 않았다고 보는 것이다. 돼지의 이자에서 뽑아낸 인슐린을 사람 몸에 주사해 온 것은 오래 전부터의 일이라(척추동물의 호르몬은 서로 구성 성분이 같아서 거부 반응이 일어나지 않는다) 돼지를 사람 장기를 키우는 놈으로 택한 모양이다. 실제로 우리나라도 간, 심장, 눈 등 장기를 받을 사람은 많은데, 주는 사람이 적어서 수술을 받지 못하고 죽어가는 사람이 많다. 또 많은 나라에서 사람의 장기가 높은 값으로 거래되는 실정임을 감안할 때, 동물 애호가들도 돼지 장기 이용을 이해하고 눈감아 주지 않을까 싶다.

깊게는 아니지만 최근 생물학계에서 어떤 일이 일어나고 있는지 몇 가지 예를 들어 봤다. 부디 애써 이룩한 과학의 과업이 인류에 반하는 못된 곳(일)에 쓰이지 않기를 바라는 마음 간절하다.

과학은 꼭 이렇게 어둑하고 험한 형극의 길을 가야만 하는 것일까.

47 천고마비(天高馬肥)의 생물학적 근거

가을을 천고마비(天高馬肥)의 계절이라 하고, 국향지절(菊香之節)이라 하기도 하면서 윤기 나는 살집과 향기 그윽한 국화에 그 의미를 부여한다. 그런데 어째서 말은 가을에 살이 찌는 것일까. 말뿐만이 아니다. 사람도 마찬가지로 피하 지방이 도톰해진다.

웬 가을 타령이냐 하겠지만 가을 없는 겨울 없듯이 원인 없는 결과도 없는 법이니, 동물들이 가을에 더 많이 먹고 살이 쪄서 몸에 기름이 자르르 흐르는 것도 다 이유가 있다.

한마디로 모질게도 차가운 엄동설한에 살아남기 위해 몸에 양분을 비축하는 일이니 이보다 중요한 일도 없을 듯싶다. 앞에서 기름이란 표현을 썼는데, 이 지방(脂肪)은 탄수화물이나 단백질(1그램에서 각각 4칼로리의 열이 난다)보다 훨씬 많은 열(1그램에서 약 9칼로리)을 내기 때문에 저장 물질로는 그 이상 효과적인 것이 없다. 그래서인지 지방을 많이 저장한 가을 고기들이 우리 입에도 맛있다. 추운 날에는 돼지 비계 같은 지방을 많이 먹어 몸에 열을 냄으로써 추위를 이기는 것도 지혜로운 일이다.

아마도 살이 쪄서 피하 지방이 두꺼운 뚱뚱보들은, 비계가 찬 기운을 막아 주고 또 급하면 분해되어 많은 열을 냄으로써 겨울 추위가 두렵지 않겠으나 대신 여름 한 철은 죽을 맛이다.

꽁꽁 얼어붙은 대지에서 뭇 생물은 어떤 식으로 멀쩡하게 겨울을 나고 있을까. 동물들도 극한(極寒)의 경우, 세포 속에 당이나 아미노산 글리세린(롤)과 같은 물질(부동액이라 해 두자)을 많이 저장함으로써 물이 잘 얼지 않고 얼더라도 작은 얼음 결정체(結晶體) 정도만 형성되도록 해 세포막을 터뜨리지 않도록 한다. 물이란 없어도 탈이지만 너무 많아도 탈이라, 겨울에 얼어서 물의 부피가 늘어나면 세포막을 파괴하고 결국 세포를 죽게 만든다. 이런 이유로 식물의 씨앗들은 바싹 마르고, 이렇게 함으로써 얼어 터지지 않기 때문에 채송화 · 봉숭아 씨가 담 밑 가랑잎 속에서도 월동이 가능한 것이다.

풀 중에서 추위에 가장 약한 1년생 식물(초본)은 씨앗으로 겨울을 넘기고, 다년생 초본은 뿌리로 그 한기를 이겨내는데, 그것을 보면 그들의 월동 전략이 얼마나 훌륭한지 새삼 느끼게 된다.

"겨울이 다 되어야 솔이 푸른 줄 안다."는 말은 난세(亂世)가 되어야 비로소 훌륭한 사람이 나타난다는 뜻이고, "겨울 화롯불은 어머니보다 낫다."고 했으니 옛날에 겨울 보내기가 얼마나 힘들었나를 엿볼 수 있다.

겨울나기는 비단 사람뿐만 아니라 살아 숨쉬는 놈들 모두의 일이고 보면, 춥고 더운 것 하나까지도 생물의 삶을 좌지우지하는 제한 요소가 된다. 그래서 한세상 살기가 쉬운 듯하면서도 어렵다.

같은 겨울이라도 강이나 바다처럼 물에 사는 놈들은 큰 어려움이 없어 보이나 땅 위에 사는 놈들은 정말로 심각해진다. 기온이 내려갈수록 대사 기능이 떨어지고(섭씨 10도 떨어질 때 기능은 2~3배 저하) 섭씨 0도 가까이에 접어들면 세포 자체가 얼어 터질 위험에 놓이게 된다. 한마디로 죽는다는 말이다.

동물은 등뼈가 있느냐 없느냐에 따라 척추동물과 무척추동물로 나뉘고, 온도 변화에 따라 체온이 일정한 정온동물(定溫動物)과 변온동물(變溫動物)로 나누는데, 이는 달리 온혈동물과 냉혈동물로 부르기도 한다.

다양한 모습의 겨울나기

지구 상에서 정온동물은 조류(새)와 포유류(젖빨이 동물)뿐, 나머지 동물은 모두 수온이나 기온이 변할 때 체온도 바뀌는 변온동물(냉혈동물)이다. 따라서 추운 겨울날 주변을 살펴보면 눈에 띄는 동물은 모두 새 무리거나 포유류뿐이다. 이들은 일정한 체온을 그대로 보존하기 위해 먹이를 계속 섭취하거나 그렇지 않으면 동면(冬眠)이라는 겨울잠을 자게 된다.

변온동물들은 만일 영하 10도 이하에 놓이게 되면 체온도 그만큼 내려가고 얼어죽기 때문에 다른 방법으로 겨울나기를 한다. 나비는 번데기로, 메뚜기는 땅속에서 알로, 파리나 모기는 지하실 구석에서 추위를 피한다.

다람쥐 · 박쥐 · 고슴도치 들은 겨울잠을 잔다. 그런데 깊이 잠들었을 때는 건드려도 꿈쩍 않고 잠을 자기는 하지만, 이는 꿈을 꾸며 느긋하게 다리 뻗고 자는 것이 아니라 초죽음이 되어 의식을 거의 잃은 상태에서 추위와 싸우는 것이다. 사람을 냉동실에 집어 넣은 꼴인 처참한 겨울잠인 것이다.

겨울잠을 자는 다람쥐의 생리를 한번 보자.

다람쥐는 보통 때 박쥐 · 고슴도치처럼 1분에 200번 가량 숨을 쉬지만 굴참나무 밑둥치 틈새에서 동면 중인 녀석들은 4~5회 숨을 쉬고, 심장 박동은 150회였던 것이 5회로 줄어든 채, 체온도 꽤 떨어진 최악의 상태에서 생명만 겨우 부지하고 있다.

그러나 곰의 겨울잠은 약간 다르다. 이들 역시 여기저기 배회하는 대신 굴에서 몸을 움츠리고 가능한 한 몸 움직이기를 줄이며, 심장 박동도 분당 40회 뛰던 것이 10회로 줄어드나, 체온은 조금밖에 내려가지 않은 섭씨 29도에 머문다고 한다.

사람의 정상 체온은 섭씨 36.5도이나 이는 몸 안의 온도(실은 피의 온도)일 뿐 몸 바깥쪽은 그보다 훨씬 낮아, 귓바퀴나 코끝 손발은 섭씨 0도 이하까지 내려가 동상에 걸리기도 한다. 동상은 피가 잘 통하지 않아 체온이 내려가고 세포 속의 물이 얼어 부피가 팽창해서 세포막이 터져 상처를 입는 것이다. 이는 신체의 생리적 반응으로 최악의 경우 손, 발, 귀 등 끝부분을 희생시켜서라도 심장, 허파 등 몸통 부분의 중요한 기관은 살아남게 하려는 본능적인 현상이다. 한파가 심했던 겨울을 지낸 나무가 밑둥치는 온전한데 가지 끝부분들이 죽어 있는 것과 다를 바 없다 하겠다.

사람이나 정온동물들은 추위를 견디기 위해 여러 가지 생리적 반응을 일으킨다. 추우면 제일 먼저 몸을 움츠려서 표면적을 줄여 열의 발산을 줄이니 피부에 소름이 돋는 것이 그것이고, 또 근육을 떨어 저장된 글리코겐을 빨리 분해해서 열을 내게 한다.

"간이 떨린다."는 말은 간에 저장해 놓은 글리코겐을 분해해서 몸 안에 열을 공급하기 위해 떠는 현상을 말한다. 한겨울에 내복을 입지 않는 이들은 독하기도 하지만 남들보다 더 많은 음식을 먹어야 한다는 부담이 생긴다. 그래도 습관이라 내복을 입으면 답답해서 못 견딘다고 한다.

지금까지는 정온동물을 봤는데, 변온동물인 지렁이 · 달팽이 · 개구리 · 뱀들은 어떻게 월동하는지 들여다 보자.

지렁이는 땅속 1미터 깊이에서 지열(地熱)을 받으며 봄내음을 기다리고, 물개구리는 냇가 돌 밑에서 몬도가네들의 침입에 전전긍긍한다. 또한 참개구리는 강이나 호수 진흙 밑에서 배어드는 찬기에 몹시도 등이 시리고, 청개구리는 나무에서 뛰어 내려와 숲속 층층이 쌓인 가랑잎 속에서 지기(地氣)를 느끼며 겨울나기를 한다.

명(命)이란 모질고 끈질겨서 뱀들은 들쥐들이 파 놓은 양지바른 돌무덤 깊숙한 곳에서 떼를 지어 체온을 나누고, 가끔 깊은 숨을 들이쉬며 지낸다. 뱀은 굴을 팔 수가 없어 쥐가 파 놓은 쥐 굴에서 겨울을 보낸다고 하는데, 먹이가 되어 주고 집까지 마련해 주는 들쥐의 은혜를 잊지 못하리라. 기막힌 생물계의 한 단면을 보여 주고 있다.

개구리나 뱀, 달팽이 모두 월동하기 좋은 양지바른 곳에서 모여 지내기 때문에 땅꾼들이 뱀 굴 하나를 찾으면 부대로 잡는다 한다. 필자 역시 같은 꾼으로 자리 하나만 잘 만나면 수십 마리 아니 수백 마리의 달팽이를 단번에 쓸어 담는다. 눈 위에 서리치는 칼날 같은 겨울 추위에도 채집을 나가는 것은 바로 이 재미 때문이다.

생물들의 뜨거운 여름나기

겨울에 대죽순을 찾는 일이 그렇듯 여름 하루살이에게 겨울 이야기를 해도 말이 통할 리 없다. 그러나 생물들의 겨울나기를 설명하면서 여름나기의 어려움을 엿보고 넘어가지 않을 수 없다.

여름은 높은 온도도 문제려니와 한발에 따른 건조함 또한 문제다. 그래서 동물들은 겨울과 매한가지로 땅속으로 파고 들어가 서늘하고 촉촉한 흙에서 활동을 중지하고 그 무서운 더위를 피하며 여름잠(夏眠 하면)을 잔다.

달팽이는 몸에서 수분이 날아가 건조해지는 것을 막기 위해 점액을 분비해 굳어진 흰 막을 주둥아리에 막고 쥐 죽은 듯이 한여름을 지낸다. 그러다가 소낙비라도 내리면 침으로 막을 녹여 몸뚱어리 쑥 내밀고 먹이를 찾아 나서거나 짝짓기에 몰입한다.

장장하일(長長夏日), 머리털이 벗겨질 만큼 뜨거운 뙤약볕이 내리쬐는 한낮에는 동물들이 '쥐구멍'을 찾아 숨는 것은 물론이요, 식물조차 광합성을 하지 않는다고 한다. 광합성은 원반 모양인 엽록체의 몫인데, 이것들도 강한 빛이 비치면 세포 속에서 빛을 피해 숨바꼭질을 한다고 하니, 빛은 꼭 필요한 것이지만 너무 세면 오히려 엽록체를 해친다. 식물도 낮잠을 잔다는 뜻이다. 어쨌거나 생물들이 살아남으려면 겨울은 겨울대로, 여름은 여름대로 한 번도 편할 때가 없는 것이니, 항상 팽팽한 긴장감이 도는 삶을 산다.

월동 이야기의 끝에 미기후에 대해 설명을 덧붙여 둔다.

그해 겨울 눈이 많으면 분명히 보리 농사가 풍작인데, 이것은 쌓인 눈이 보리 뿌리를 덮어 줬기에 그렇다. 한 켜 두꺼운 따뜻한 눈 이불이 보리를 덮으면 공기 온도는 영하 20도라 해도 눈 속은 영상으로 올라가기 때문이다. 이것이 바로 미기후의 한 단면인데 아마도 이 미기후의 장점을 잘 이용한 생물들이 이 땅에 더 잘 적응했다고 봐야 하겠다. 백설 속에 파묻힌 보리 잎사귀도 물알 익어 가는 봄볕의 따뜻한 봄꿈을 꾸고 있으리라. 모두가 꿈을 먹고 사는 것이니 말이다.

48 함께 사는 세상

어떤 원인으로 이 지구의 모든 생물이 다 죽고 선형동물만 살아남아 있는데 외계인이 지구에 건너온다면, 이들은 이전에 살았던 생물들을 어떻게 알아낼 수 있을까. 답은 살아 있는 선형동물의 분포와 양, 종류, 크기를 보고 선뜻 알아낸다는 것이다. 이 말은 곧 모든 선형동물은 동식물에 기생하는 기생충이라는 것으로, 숙주가 모두 죽고 기생충만 남아 있어서 기생충으로 숙주를 유추해서 찾아낸다는 의미이다. 한 숙주에 특수한(정해진) 기생충이 기생하는, 숙주와 기생충은 떼려야 뗄 수 없는 관계이기 때문에, 숙주가 변화하면(진화하면) 기생충도 변한다. 따라서 숙주가 다시 변하게 되고, 이어 기생충이 따라 변하는 과정을 반복하면서 같이 진화를 해 온 것이다. 그런데 기생과 기생충의 의미를 사람들이 너무 좁게 해석하여 정의를 내려놨는데, 넓게 보면 이해하기 어려운 불가사의한 것들도 많이 발견된다.

앞에서도 잠깐 설명이 됐지만 배불뚝이 암사마귀를 잡아 장난을 하고 있는데 꼬리에서 흑갈색의 철사 같은 연가시가 꿈틀거리며 나오는 것을 본다. 머지않아 숙주는 사마귀 뱃속 기생충인 연가시의 명령(?)에 따라 물가로 기어가(날아가는 수도 있겠다) 거기에 그 연가시를 낳게 된다. 연가시는 몸길이가 큰 놈은 20센티미터가 넘고, 물속에서 얽혀서 꿈틀거리는 것을 볼 수 있다. 이놈들은 거기서 알이 유충이 되면 물가의 풀에 붙는데, 곤충이 이 풀을 뜯어 먹을 때 뱃속에 들어가 성충이 된다. 우리가 어릴 때는 비가 와서 생긴 웅덩이에 그놈들이 꿈틀거리기만 해도 그것들이 손가락을 자른다고 해서 만져 보지도 못하고 꼬챙이 따위로만 장난을 했다.

연가시는 선형동물 연가시과에 속하는 놈으로, 메뚜기를 잡아먹은 사마귀에게는 확실하지 않으나 해가 거의 없어 사마귀는 배가 터지도록 넣어 키워 둔다. 어떤 본능 현상이 작용하여 귀신이 잡아당기듯 곤충들은 물가로 가게 되고, 거기에 가면 재빠르게 연가시가 항문을 뚫고 나온다니(물 냄새를 맡아서), 사람의 생각이 닿지 못하는 곳이 사방팔방 널려 있다. 메뚜기라는 양분을 섭취한 사마귀는 연가시에게 보답을 한다.

또 다른 숙주 기생충 사이의 불가사의한 예를 보자. 미국 북부의 육산패류(陸産貝類) 중에서 짬물우렁이[*Suceinea* sp.]라는 놈이 있는데(우리나라에도 유사한 종이 두 종 있다), 주로 물가에 살면서 물과 땅 양쪽에서 다 살아간다. 그리고 이 무리는 큰 더듬이(대촉수) 끝에 눈이 붙어 있는 병안목(柄眼目)에 속한다.

그런데 이 미국산 짬물우렁이의 배를 *Leucochloridium* sp.이라는 흡충류(吸蟲類)의 유생이 가득 채우고 있는데(그래도 짬물우렁이에게 큰 해가 없다. 잘 먹고, 속앓이 않고 짝짓기도 잘한다) 이 기생충들이 우렁이의 눈자루(眼柄)로 파고 들어가면 눈자루가 꼭 나비나 나방의 유충을 닮게 된다. 그래서 이렇게 우렁이가 위장을 하다 보니 다른 새들이 이 짬물우렁이를 잡아먹게 된다. 그런데 그 기생충의 알이 새의(소화관을 지나) 배설 기관으로 가면 생활사가 완성된다. 뱃속에서 다 자라게 해 주고 몸까지 바쳐야 하는 저 우렁이의 운명을 어떻게 해석해야 하는가. 짬물우렁이를 먹은 새는 똥오줌을 눌 것이고 거기에 묻어나온 알은 부화되어 풀에 붙을 것이다. 그러면 그 풀을 또 우렁이가 뜯어 먹으니 다시 몸에 기생하게 될 것이고, 나중에 또다시 벌레 모양 눈이 툭 튀어나와 결국은 새의 먹이가 된다. 이 흡충류는 용케도 짬물우렁이와 새라는 중간 숙주를 이용하는데 간흡충(간디스토마)이 쇠우렁이와 민물고기, 사람이라는 중간 숙주를 이용하는 것이나 다름없다. 숙주를 바꿔 가면서 한해살이를 완성하는 특수한 무리가 흡충류다.

우리는 기생충이란 말을 비하의 의미나 무능한 존재를 암시하는 것으로 사용한다. 하지만 앞 예에서 보듯이 기생충은 특수하게 분화되고 알맞게 적응한 생물이며, 숙주와 상호 작용해서 서로 적응하고 공동 진화를 한다. 숙주라 하면 기생충의 먹이, 기생충이 들어가 사는 곳, 발생이 일어나는 부화기, 옮겨 주는 운반체로 생각하기 쉬운데 기생충을 비정상적인 것으로 본다든지 벌레, 진딧물, 곰팡이, 세균 등 원시적이고 퇴화된 것으로 단정 짓지 말자는 것이다. 생물에서 포식자는 먹이가 여러 가지이나 기생충은 정해진 한 가지 숙주밖에 없다는 것도 고려해야 할 중요한 요인이다. 가장 중요한 것은 숙주와 기생충이 '같이 살아간다'는 점이다. 그 숙주가 없어지면 그 기생충도 죽는다.

그리고 촌충이라는 기생충도 사람과 촌충 사이의 생태적인 비교를 하기보다는 촌충과 플라나리아(같은 편형동물이나)의 진화적인 비교로 보는 것이 훨씬 좋다.

한편 절대로 기생충은 숙주를 죽이지 않는다. 또 기생충의 다른 특징으로 봐야 할 것은 기생충이 숙주보다 한 세대(世代)가 짧아서 빠른 변화를 일으키고 따라서 숙주도 면역을 얻는다는 것이다. 그리고 기생충도 수놈은 유전 정보만 전달할 뿐 창조와 양육에 큰 투자를 하지 않는다.

숙주의 부모가 기생충에 시달리면 후손은 그것에 저항력을 얻게 되는 것이 자연의 순리이고, 숙주와 기생충이 기나긴 시간을(세대를) 같이 지내 오다 보면 무해한 것으로 바뀌어 간다. 그 대표적인 것이 대장균이다. 많으면 설사를 일으키지만 비타민 B · K 흡수에 없어서는 안 되는 존재다.

그러면 지금부터 사람이 기생충에 시달리면서 얻은 저항성의 예를 학질에서 보도록 하자. 1년에 1억 명 이상이 걸려 150만 명이나 죽는 학질은, 인간과 기생충이 같이 진화해 온 대표적인 예다.

1991년 힐(V.S. Hill)은 사람을 학질로부터 보호하는 유전 인자 두 개를 찾아냈는데, 그것이 MHC(Major Histocompatibility Complex) 단백질이라는 것을 만드는 데 관여하는 MHC 유전자라는 것이다. 이 유전자는 학질에 저항력을 갖는 유전자로, 학질이 창궐하는 아프리카 나이지리아 같은 곳에는 인구의 40퍼센트가 그 인자를 갖고 있는 반면 백인이나 동양인은 1퍼센트 정도밖에 되지 않는다고 한다. 사람이 학질에 이기는 새로운 유전 인자가 생겼다는 것은 일종의 소진화(小進化)를 한 것이다.

새로 생긴 또 다른 하나는 겸상세포증이라는 빈혈증을 일으키는 유전자인데, 보통 사람의 적혈구는 둥그스름하나(도넛 같다) 이 인자를 가진 사람은 적혈구 속 헤모글로빈이 만들어지지 않아 적혈구가 풀 베는 낫(겸상) 모양을 하는 병이다. 이 유전자를 가진 사람 또한 학질에 저항력이 있고 다른 지역 사람에 비해서 훨씬 많게, 아프리카 사람의 25퍼센트가 이 인자를 가지고 있다는 것이다. 바꿔 말하면 이 인자도 학질이 많이 걸리는 집단에 생긴 것으로, 돌연변이 인자라 빈혈을 일으키기는 하지만 그래도 생명을 앗아가는 무서운 학질에 저항력을 나타낸다니 그런 점에서는 유리한 적응이요, 진화라 보는 것이다. 사람이 학질에 연년세세 또 대대로 시달리다 보니 MHC 인자와 겸상세포증 인자가 새로 생겨 학질을 이겨 나가게 되었는데 이것만으로도 생물의 무한한 진화를 설명하기에 충분하다.

지금까지 대부분의 학질은 3일열원충[*Plasmodium vivax*]이라는 원생동물(근래 어느 학자는 동물이 아니고 식물이라고 주장한다)이 옮겨 왔는데 요새는 유사한 열대열원충[*P.falciparum*]이 주범이라 한다. 학질로 죽는 사람들의 95퍼센트가 후자의 병원균 때문이라고 한다.

열대열원충은 매우 치명적인 학질을 일으키는데, 이것은 도리어 사람보다는 새에 학질을 일으키는 기생충이었다고 한다. 다시 말하면 인간에 감염되기 시작한 지가 겨우 1만 년 정도밖에 되지 않아(*P.vivax*는 더 오래되어 많이 면역이 됐지만) 아직은 사람이 면역적 방어를 만들어 내지 못한 상태라 무서운 병이라는 것이다. 이 기생충도 자꾸 걸리다 보면 앞으로 새로운 대안이(면역이) 몸에 생길 것이라는 것을 예견할 수가 있다.

다른 동식물에서도 이로운 기생 형태가 있으니, 식물이 뿌리에서 양분을 흡수하려면 곰팡이의 균사가 식물의 뿌리에 붙어 있어야 하고(기생이라 하지 않는다. 퇴비의 필요성을 말한다), 초식 동물이나 곤충들이 살아남기 위해서는 내장에 수많은 미생물이 득실거려야 한다. 또한 흰개미도 내장에 원생동물이 있어야 섬유소를 당으로 분해할 수 있다. 사람도 건강하다는 것은 체내 세균들이 평화롭게 평형(균형)

을 이룬 때이고, 그 평형이 깨지는 날이 병이 드는 날이다. 허파에 항상 조금 묻어 있던 폐렴균이 보통 때는 괜찮았으나 어느 몸 약한 날 평형을 깨고 폭발적으로 증식하니 그것이 폐렴이다.

어쨌거나 세포도 진화를 해 왔다. 세포의 진화에서 공생 관계를 보니, 녹색 식물 세포나 동물 세포 속 미토콘드리아는 호기성 박테리아가 진핵 세포에 공생하여(들어가) 된 것이고, 녹색 식물의 엽록체는 광합성 세균인 시아노박테리아(cyanobacteria)가 마찬가지로 공생하는 과정을 거쳐 진화를 해 온 것이다. 이들도 처음에는 우리가 말하는 '기생'이었으나 긴 세월을 지나면서 서로 필요한 '공생'으로 바뀐 것이다. 그래서 지금의 기생을 기생으로만 보지 말아야 하는데, 이는 언젠가 공생이 될 수 있기 때문이다. 처음에 예를 든 사마귀와 연가시, 짬물우렁이와 흡충류와의 관계도 이런 관점에서 해석해 보면 좋을 것이다.

여기서 시아노박테리아에 대해서 보충 설명을 해 둔다. 이 세균의 대표적인 것이 남조류인데, 호수나 연못 물을 오염시켜 녹색을 띠게 하는 주범이 바로 이것들이다. 이 세균은 독성을 가지고 있어서 그 물을 먹은 가축들은 심한 발작 끝에 무의식 상태로 조용히 잠자듯이 죽는 수가 있다. 이 엽록체를 가지고 있는 시아노박테리아(시아노세균)가 증식할 때면 수중에 질소나 인이 같이 늘어나는데, 흔히 봄 가을 두 번 물꽃을 피우는 그때가 물이 심하게 오염된다는 것을 알 수 있다. 시아노박테리아에는 남조류 말고도 아나베나속[*Anabaena*], 마이크로시스티스속[*Microcystis*], 오스실라토리아속[*Oscillatoria*] 등 여러 종이 있는데 이것들은 간암을 일으키는 독성을 분비한다. 그런데 이것들이 어쩌다가 다른 세포에 흡수되어 독립성을 잃고 식물의 엽록체가 되었는데, 세포에 들어가지 않은(못한) 놈들은 지금도 질소 고정과 광합성을 하여 산소를 만들어 내고 있다(지구 생성 과정에서 가장 먼저 광합성을 하여 대기 중에 산소를 제공한 식물로 취급한다). 이것들은 이미 35억 년 전 화석에도 박혀 있다. 어쨌거나 어떤 것은 변해서 고등식물의 엽록체까지 되는 공생의 슬기를 발휘하기도 하지만 대부분은 그대로 남아 민물 속에서 질소와 인을 먹으며 살아가고 있다. 어느 쪽이 유리한 적응을 한 것인지는 독자들의 판단에 맡긴다.

호기성 세균의 한 종은 숙주에 흡수되어 미토콘드리아가 되고, 또 엽록소를 갖는 시아노박테리아 무리는 들어가 엽록체가 되었는데 이것을 곧 세포의 진화라 하는 것이요, 그 진화에 공생의 원리가 들어 있다는 것이다.

그런데 세균들이 호기성이든 혐기성이든 관계없이 모두 DNA 복제를 통한 증식(분열)을 하듯이, 공생화된 미토콘드리아나 엽록체는 고등 세포 속에서도 마찬가지로(핵 DNA의 명령을 받지 않고) 자율적으로 분열을 한다. 그리고 미토콘드리아 DNA는 핵 DNA보다 간단하여(37개 유전자를 갖는다) 세포 연구에 중요한 역할을 한다고 설명한 바 있다. 고등 동물 세포는 미토콘드리아만 갖는 데 반해 고등 녹색 식물은 미토콘드리아와 엽록체를 모두 갖고 있다는 것도 재미가 있다.

세상의 모든 것은 가까이 현미경으로 들여다보면 기생이라 할 수 있으나 멀리 망원경으로 보면 공생이라는 것을 어렴풋이나마 느낄 수 있다. 함께 사는 세상이란 뜻이다.

권오길

경남 산청에서 태어나 진주고, 서울대 생물학과 및 동 대학원을 졸업하고, 수도여고·경기고·서울사대부고 교사를 거쳐 강원대 생물학과 교수로 재직했다. 현재는 강원대 명예교수로 있다. 청소년을 비롯해 일반인이 읽을 수 있는 생물 에세이를 주로 집필했으며, 글의 일부가 중학교 국어 교과서에 실리기도 했다. 강원일보에 10년 넘게 〈생물 이야기〉 칼럼을 연재해 왔으며, 포털사이트 네이버(www.naver.com)에 〈오늘의 과학〉을 연재하고 있다.

지은 책으로 지성사에서 출간한 『권오길 교수의 흙에도 뭇 생명이…』, 『달과 팽이』, 『바람에 실려 온 페니실린』, 『열목어 눈에는 열이 없다』, 『생물의 애옥살이』, 『하늘을 나는 달팽이』, 『바다를 건너는 달팽이』, 『생물의 죽살이』, 『꿈꾸는 달팽이』, 『달팽이』(공저), 『인체기행』, 『개눈과 틀니』 등이 있다.

2000년 강원도문화상(학술상), 2002년 한국간행물윤리위원회 '저작상', 2003년 대한민국과학문화상을 수상했다.